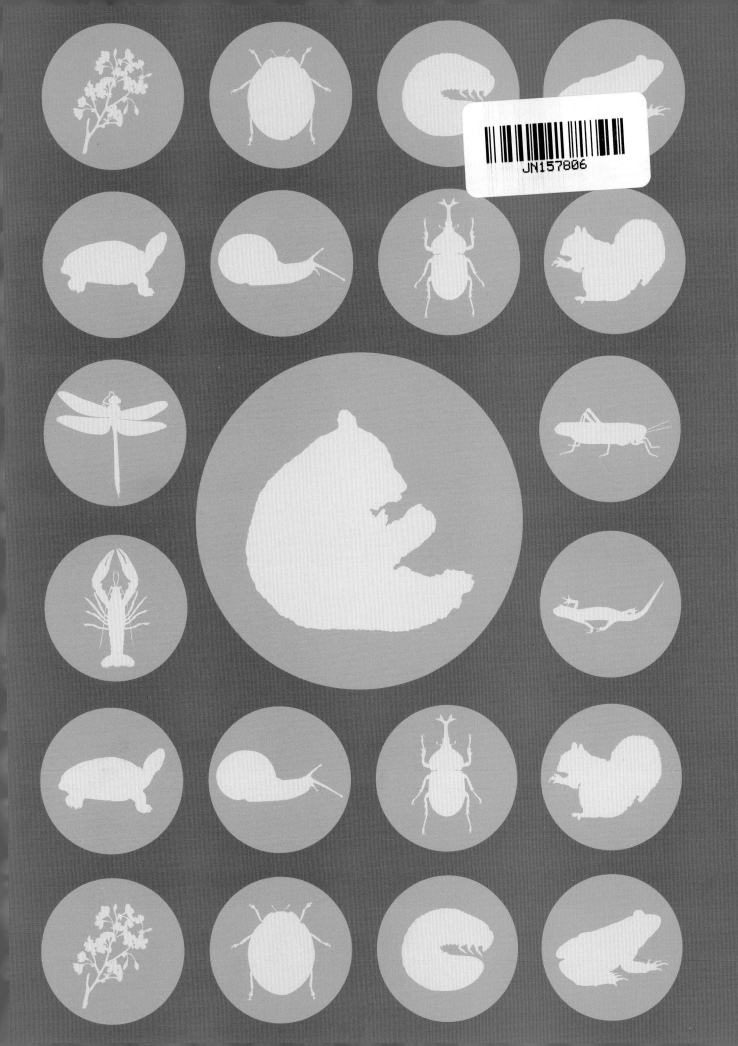

楽しい調べ学習シリーズ

冬眠のひみつ

からだの中で何が起こっているの？

[監修] 近藤宣昭

PHP

はじめに

　自然のなかで生活する生きものにとって、寒い冬は生きるのにたいへんきびしい季節です。冬には太陽から得られるあたたかさや、光のエネルギーが少なくなり、それを利用して育つ植物は成長できなくなります。植物を食べてエネルギーを得る生きものには、命にかかわる大問題です。

　この問題を乗りこえて冬を生きぬくには、2つの方法があります。①多くのエネルギーを使ってでもたえず動き、食べものを探しだす方法と、②動きを止めて、生きるのに使うエネルギーを極限まで節約し、ほとんど食べずにすませる方法です。今から2億5000万年ほど前までは、地球上の生きものはみな、②のすごし方をしていました。というのは、からだをあたたかく保つ能力がそなわっていなかった（変温性）ので、寒さでからだの温度が下がって動けなくなるからです。つまり、この方法しかなかったのです。これが冬眠（休眠）とよばれるふつうの冬のすごし方でした（は虫類から植物まで）。

　その後の長い歴史のなかで、変温動物の一部のなかから、からだをいつもあたたかく保

つ能力を進化させた恒温動物（ほ乳類と鳥類）があらわれました。この動物たちは逆に、からだの温度が下がると生きられないので、①の冬のすごし方しかできません。ところがそのなかに、からだの温度が下がっても生き続けられ、②のすごし方もできる冬眠動物がいるのです。同じ恒温動物なのに、冬には活動を休み、食べものをとり続ける必要がありません。冬眠は、自然の休息（冬）に合った環境にやさしいすごし方といえるでしょう。それだけではなく、恒温動物なのにからだの温度が下がっても生きられるのをふしぎに思い調べた研究から、人間にも利用できる大切なひみつがかくされていることもわかってきています。
　この本がみなさんに、冬眠や休眠を知るための新しいとびらを開き、さらに自然のなかでのわたしたち自身の生き方を考えるヒントになればと思っています。

近藤宣昭

冬眠のひみつ

はじめに 2
冬眠って何だろう 6
この本の使い方 10

第1章　恒温動物の冬眠 11

恒温動物の冬眠のひみつ 12
　シマリス 16
　クマ 20
　ヤマネ 24
　キクガシラコウモリ 28

コラム　人間は冬眠できないの？ 30

第2章　変温動物の冬眠 31

変温動物の冬眠のひみつ 32
　ドジョウ／マブナ 34
　トノサマガエル／アカハライモリ 36
　アオダイショウ／クサガメ 38

もくじ

カタツムリ／アメリカザリガニ………………………………………40
オオカマキリ／トノサマバッタなど…………………………………42
カブトムシ／ギンヤンマなど…………………………………………44
モンシロチョウ／アゲハチョウなど…………………………………46
ナミテントウ／スズメバチなど………………………………………48

コラム 水がなくても夏眠で乗りきるハイギョ……………………50

第3章 植物の冬ごし … 51

植物の冬ごしのひみつ………………………………………………52
ソメイヨシノなど………………………………………………………54
ススキ／ユリなど………………………………………………………56
セイヨウタンポポなど…………………………………………………58
ヒマワリなど……………………………………………………………60

コラム 「越冬野菜」って何だろう？………………………………62

さくいん……………………………………………………………………63

冬眠って何だろう

生きものの冬のすごし方

この本では、生きものの冬のすごし方である、「冬眠」や「冬ごし」について紹介します。その前にまず、「冬眠」「冬ごし」とは何なのか、考えてみることにしましょう。

「活動しない」というすごし方

冬は、生きものにとって、たいへんきびしい季節です。植物をのぞく生きものの冬のすごし方は、活動するか、しないかのふたつに大きく分かれます。活動のしかたにも2通りあるため、冬のすごし方は、全部で次の3通りに分かれることになります。

①あたたかいところへ移動して活動する。
②寒くても同じ場所にとどまって活動する。
③活動せずにじっとしている。

3通りの冬のすごし方

①移動して活動する

わたり鳥のように、寒さをさけ、よりあたたかい場所へと移動して、そこですごす。

②同じ場所で活動する

人間（ヒト）やイヌやネコのように、冬の間もほかの季節と同じ場所で活動する。

③活動しない　冬眠

シマリスやカエルのように、冬の間は活動せず、体温が低下した状態でじっとしている。

みなさんのなかにも、寒いのが苦手で、冬はあまり外に出ないで、家でじっとしていたいと思う人もいるかもしれません。わたしたち人間（ヒト）の場合は、そうもいきませんが、生きもののなかには、③のように、じっさいに冬の間は何もしないでじっとしているものもいるのです。この「活動しない冬のすごし方」が、「冬眠」です。

ただし「冬眠」といっても、ふつうにねむっているわけではありません。冬眠中、生きもののからだには大きな変化が生じています。体温が下がり、生きるためのからだのはたらきが低下して、ふだんとはちがう状態になっているのです。

生きものたちの体温

じつは冬眠する生きものには、活動できるのに冬眠しているものと、冬眠することしかできないから冬眠しているものとがいます。同じ「冬眠」ということばであらわしますが、大きなちがいがあるのです。このちがいは、その生きものが体温を調節するはたらきをもっているかどうかと関係があります。

体温調節ができない生きものは、まわりの温度が変わると、それに合わせて自分の体温も変わってしまいます。このような生きものを「変温動物」といいます。身近なところでいうと、カエルのなかまや魚、ヘビなどのは虫類、昆虫などが、この変温動物です。

いっぽう、たとえばわたしたち人間（ヒト）の場合、夏は体温が高くて冬は低くなる、ということはありません。まわりがあつくても寒くても、体温は一年中36～37度くらいに保たれています。ヒトには、体温を調節するはたらきがあるからです。このような生きものを「恒温動物」といいます。ヒトのほかにイヌやネコなどをふくむほ乳類と、鳥は、恒温動物です。

恒温動物と変温動物

生きもののなかで恒温動物であるのは、せきつい動物のうちの、ほ乳類と鳥類だけ。それ以外のせきつい動物（は虫類、両生類、魚類）と、昆虫などをふくむ無せきつい動物は、変温動物。

せきつい動物（背骨をもつ動物）

ほ乳類
ヒト
イヌ
ネコ

鳥類
ニワトリ
ツバメ

は虫類
ヘビのなかま
カメのなかま

両生類
カエルのなかま
サンショウウオのなかま

魚類
メダカのなかま
ドジョウのなかま

無せきつい動物（背骨をもたない動物）

昆虫
カブトムシ　モンシロチョウ

甲殻類
カニのなかま　ザリガニのなかま

貝類
カタツムリのなかま

ほか

恒温動物（体温を調節するはたらきをもつ）　　**変温動物**（体温を調節するはたらきをもたない）

変温動物と恒温動物、それぞれの冬

変温動物と恒温動物、どちらにも冬眠する生きものがいますが、それぞれのからだのしくみのちがいによって、冬眠のしくみに大きなちがいがうまれます。

変温動物は、まわりの温度に合わせて体温が変わってしまう生きものですから、気温の低い冬には体温も下がり、冷えて動けなくなってしまいます。そのため冬は、基本的には活動しないすごし方しかできません。いってみれば「動けないから、じっとしている」のが、変温動物の冬眠です。

いっぽう、体温が高く一定である恒温動物は、基本的に冬でも活動することができるので、わたしたちヒトのようにほかの季節と同じようにすごすもの、わたり鳥のように移動するものがたくさんいます。しかし、一部は冬眠するというすごし方ができます。ただ、本来は冬でも体温は変わらないわけですから、冬眠する恒温動物は冬の間、わざと体温が下がるのにまかせていることになります。

恒温動物なのに、どうしてわざわざ体温が下がる冬眠をするのか。そこには、生きものたちの生きのびるための作戦があり、おどろきのからだのひみつがかくされています。

変温動物の冬

夏は体温が高いが、冬は体温が下がり動けなくなるので、冬眠する。

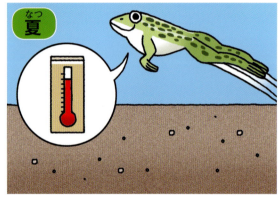

恒温動物の冬

夏でも冬でも体温を一定に調節できるので、一年中活動できるが、一部は体温が下がり、冬眠する。

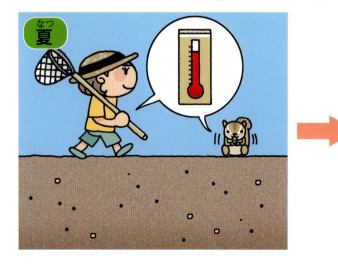
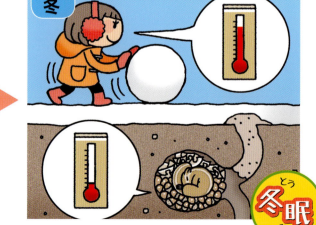

成長を止める植物の冬

　冬がきびしい季節であることは、植物にとっても同じです。動物とちがい、あたたかい場所へ移動することはできないので、はえている場所で冬をすごすしかありません。

　植物の場合、生きていくうえでは太陽の光がとても大きな役割を果たします。そのため、冬になると太陽が出ている時間が短くなることも、大きな問題となります。

　そのため多くの植物は、冬眠する動物と同じように、冬の間は活動を休んでいます。つまり、成長することをいったんやめて、あたたかい春がくるのをじっと待っているのです（植物の場合、そのような冬のすごし方をふつう「冬眠」とはいわず、「冬ごし」や「休眠」とよびます）。

　また、なかには冬にはかれてしまう植物もあります。しかし、それでも何かの方法で春まで命をつなげられるよう、それぞれの植物がさまざまな工夫をしています。

植物の冬

冬は、成長を止めた状態で「冬ごし」をする。かれている（ように見える）ものもあるが、何かの方法で、春に芽を出す準備をしている。

夏

冬　冬ごし

　ここまで見てきたように、きびしい季節である冬の間、活動せずにすごす生きものはいろいろいますが、そのなかにもいくつか種類があることがわかってもらえたでしょうか。

　このあとは、恒温動物の冬眠、変温動物の冬眠、植物の冬ごしについて、それぞれの冬のすごし方の特徴や、そのためのしくみや工夫を、くわしく見ていくことにしましょう。

この本の使い方

この本では、恒温動物、変温動物、植物と3つに分けて、さまざまな生きものの冬眠、冬ごしのしくみについて紹介しています。

生きものの名前
そのページでとり上げている生きものの名前です。

データ
そのページでとり上げている生きものの、大きさや見られる場所などの基本的な情報です。

コラム
そのページでとり上げている生きものについて、よりくわしく知ることができる豆知識を紹介しています。

冬のすごし方いろいろ
そのページで紹介している生きもののなかまで、ちがった冬のすごし方をしている例を紹介しています。

- それぞれの章の最初のページでは、その章でとり上げた生きものの種類の冬眠のしくみやひみつについて、くわしく解説しています。
- それぞれの章の最後のページでは、その章でとり上げた生きものの種類の冬のすごし方に関連する、より深く学ぶことができる情報を紹介しています。

第1章
恒温動物の冬眠

恒温動物の冬眠のひみつ

ふだんは37度近くに保たれている体温が下がった状態で冬をすごすのが、恒温動物の冬眠です。何のために、どんなしくみで、そんなことをしているのでしょうか。

冬眠する恒温動物、しない恒温動物

恒温動物、つまりほ乳類と鳥類は、あつくても寒くても体温を一定に保つことができる動物で、わたしたち人間（ヒト）をふくめて、多くは冬眠せずに冬をすごします。

では反対に、冬眠する恒温動物には、どんなものがいるか、見てみましょう（鳥類はほとんどが冬眠をしないので、ここでは、残るほ乳類にしぼっています）。

ほ乳類は、全部で30近くの「○○目」という名前のついたグループに分けられる。ここでは、そのうちの9つのグループについて、冬眠する（冬眠しているのが確認されたことがある）種類と冬眠しない（冬眠しているのが確認されたことがない）種類に、それぞれどんなものがいるかを示してある（×は、これまでに冬眠しているのが確認された種類がいないことをあらわす）。

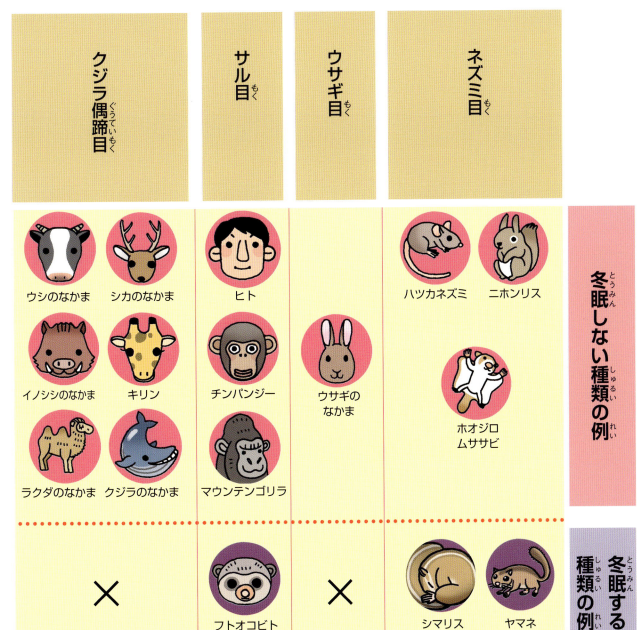

冬は体温を保つのがたいへん

冬眠するほ乳類は、いろいろなグループにバラバラにいますが（→ 12 ～ 13 ページ）、クマのなかま以外は、ある共通点をもっています。それは、からだが小型であることです。このことは、恒温動物なのに体温が下がって冬眠する理由と関係があります。

熱は、温度の高いところから低いところへ移動するので、恒温動物でも、冬はからだから熱がにげやすくなります。体温を一定に保つには、どんどん熱をつくり出さなければなりません。

このとき、からだの中で熱をつくるには、エネルギーが必要です。そのため恒温動物は、からだの熱がにげやすい冬には、体温を保つための熱をつくるのに多くのエネルギーを必要とします。

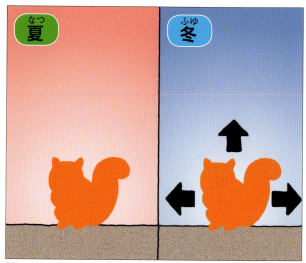

冬は、夏にくらべて体温とまわりの温度の差が大きいため、からだの熱が外ににげやすい。

エネルギーを節約する工夫

ところが、冬は同時に、昆虫や植物などを食べてくらす生きものにとっては、1 年でもっとも食べものが手に入りにくい季節でもあります。エネルギーはたくさん必要なのに、そのもとになる食べものがたりないというこまった問題が発生するわけです。

では、どうすれば冬を乗りきることができるか。そのための方法が、低い体温ですごすことです。そうすることで体温とまわりの温度との差が小さくなれば、からだの熱はにげにくくなり、体温を保つのに使うエネルギーを大はばに節約することができます。これが、恒温動物の冬眠です。

こう考えると、冬眠するほ乳類にからだが小さいものが多いことも説明がつきます。体重の少ない生きものほど、体重に対するからだの表面積の割合が大きくなり、からだの熱がにげやすくなります。つまり、からだが小さい生きものほど、体温を保つのがたいへんなのです。

そのため、恒温動物であっても、からだが小さくて、冬の間あまり食べものを手に入れられない環境にいるものは、冬眠して、低い体温ですごすほうが生きやすいのだと考えられます。

表面積と重さ

表面積と重さの関係を、水に置きかえて考えてみる。もし、1 辺が 1cm の立方体の形をした水があったら、表面積は $6cm^2$、重さは 1g で、1g に対する表面積は $6cm^2$ となる。いっぽう、1 辺が 2cm の立方体の形をした水は、表面積が $24cm^2$、重さが 8g で、1g に対する表面積は $3cm^2$ となる。つまり小さいほうが、同じ重さに対する表面積が大きいことになる。

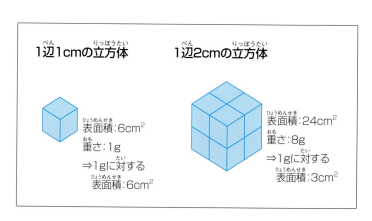

冬は「設定温度」を変更

恒温動物の場合、冬眠中も体温を一定に保つしくみがはたらかなくなっているわけではありません。それなのに体温が下がるのは、冬眠中だけ、保つべき体温の「設定温度」をふだんの37度よりもずっと低く設定変更しているからです。

設定温度を下げれば、体温がその温度より低くならないかぎり、からだが熱をつくり出そうとすることはありません。この冬眠中の設定温度は、ふつう、まわりの気温よりも少し高いくらいに設定されます。体温を保つしくみ自体は、ふだんと変わらずはたらいているので、まわりの温度がさらに下がって、低くした設定温度よりさらに体温が低くなることがあれば、熱がつくられて体温が上がります。

この、からだの設定温度を変える能力は、わたしたちヒトをふくむ冬眠しないほ乳類にもありますが、ごく弱いものです。ある意味では、冬眠するほ乳類のほうが、冬眠しないほ乳類よりもすぐれたしくみをもっているといえるかもしれません。

冬眠中とそれ以外の時期で、からだが体温を上げようとする温度のさかい目を変えている。

このように、恒温動物であるほ乳類の冬眠には、さまざまなひみつがあります。次のページからは、それぞれの生きものが、じっさいにどんな風に冬眠をしているのか、見ていくことにしましょう。

鳥が冬眠しないわけ

同じ恒温動物でも、ほ乳類には冬眠するものがある程度いますが、鳥類にはほとんどいません。その理由のひとつは、鳥のからだが空を飛ぶためにできているからだと考えられます。

鳥は空を飛ぶために、骨や内臓など、からだのあらゆる部分を、限界まで軽くなるように進化させてきました。その結果、鳥のからだは、つねに食べ続けなければ生きていけないつくりになったので、ほ乳類のように、しばらくの間何もしないで休んでいるということができないのです。

また、空を飛んで長い距離を移動することができるので、寒くなったらあたたかい場所に移動する「わたり」をすることができるという理由もあります（→6ページ）。

鳥類のなかでは、北アメリカにすむプアーウィルヨタカという鳥など、ごく一部の種類だけが冬眠するといわれています。

冬に日本にわたってきたオオハクチョウは、春になると北のシベリアなどへ帰っていく。

冬に備えて食べものをたくわえる
シマリス

リスのなかまには、冬眠をするものとしないものがいますが、日本では北海道にすんでいるシマリスは冬眠をします。秋に実った木の実をたくわえて、食べもののない冬に備えるのが特徴です。

実験室の、おがくずのベッドの上で、からだを丸めてねむるシマリス。

手にのせると、からだは冷たくなっていることがわかる。

データ
- 体長：12〜15cm
- おもな食べもの：植物の実、昆虫など
- すんでいる地域／場所：
  ユーラシア大陸北部、北海道／森林
- 冬眠する場所：地面にほった穴

1年の半分は穴の中で冬眠

シマリスは、森林でくらす小型のリスのなかまです。

おもな食べものは植物の実や種や花ですが、食べものを見つけても、ふつうその場では食べません。ほおの内側にある「ほおぶくろ」につめて、安全な場所に移動してから食べたり、地面に穴をほってうめ、ためておいたりします。

巣もおもに地面に穴をほってつくり、冬眠も地中の穴の中でします。

冬眠する期間は、オスで平均180日間、メスでは平均211日間。つまり、1年の半分は、まっくらな地中の穴の中でねむってすごしていることになります。

シマリスが森をつくる？

シマリスが好む食べもののひとつに、ドングリがあります。ドングリは、カシ、クヌギ、ナラといった木の実を合わせたよび名で、中には種があり、植えれば芽を出します。

ドングリをシマリスにもっていかれてしまうと、木は子孫を増やせなくなってしまいそうですが、そうとも限りません。

シマリスは、地面の中にうめてためておいた食べものを必ずすべて食べつくすわけではなく、食べ残したり、うめた場所を忘れたりします。すると、地面の中にうめられたままのドングリは、春に芽を出し、やがて大きな木に育ちます。

つまりシマリスは、木の子孫が増えるのを手伝い、森を保つのに役立っているのです。

1章 恒温動物の冬眠

冬眠前に食料の準備

シマリスは冬の間、地面にほった穴にこもってねむりますが、半年間も何も食べずにずっとねていることはできません。

そのため冬眠に入る前、秋のうちに、穴の中に食べものをたくわえておきます。秋の森では、木の実がたくさんとれるので、食べきれないほどのドングリなどを集めることができます。

冬眠中はずっとねむりっぱなしではなく、ときどき目をさまして、たくわえておいた食べものを食べます。こうすることで、長い冬眠の期間を、穴から出ることなくすごすことができます。

木の実をくわえるシマリス。ほおぶくろには、ドングリなら6個くらいつめて運ぶことができる。あたたかい季節には昆虫なども食べるが、冬眠のためにたくわえる食料は、保存がきくドングリなどが中心。

冬のすごし方いろいろ

冬眠しない北海道のリス

日本にもともといる、おもな野生のリスのなかには、シマリスのほかにニホンリスやエゾリスがいます。ところが、これらのリスは冬眠をしません。なかでもエゾリスは、シマリスと同じで寒い北海道でくらしているにもかかわらず、冬眠をせずに冬をすごすことができます（ニホンリスは北海道にはおらず、本州や四国で見られます）。

ただしエゾリスも、秋に食べものをたくわえておき、冬の間はそれを食べてくらす点は、シマリスと同じです。

雪の積もる時期にも活動しているエゾリス。体長は20cm以上で、シマリスにくらべるとかなりからだが大きい。

快適な穴の中で冬眠

シマリスは、春から夏の間はいくつかの巣を数日から数週間ごとに転々としますが、秋になると、決まったひとつの穴にかれ葉や食べものをせっせと運びこむようになります。ここが、冬眠用の穴です。

冬眠用の穴は、通路と部屋でできた、単純なつくりをしています。シマリスがねむるのは巣室とよばれる部屋で、ここには秋のうちに、食べものと寝床になるかれ葉などをたくさんつめこんでおきます。

巣室からはなれた場所には、おしっこやふんをする場所をもうけておきます。こうすることで、自分のからだや食べものがよごれるのを防ぐことができます。

外敵から身を守るため、穴の入り口は土でふさぎます。春になって冬眠が終わると、出口をほって地上に出てきます。

森で、かれ葉を運ぶシマリスのすがたがよく見られるようになったら、冬眠の準備の季節。

ペットのシマリスも冬眠できる？

シマリスはその愛らしいすがたから、ペットとして飼育されることもあります。

人工的な環境で飼われていても、冬になるといつでも冬眠できる準備が整うので、寒い部屋で飼っていると、シマリスが冬眠状態になることがあります。

ただし部屋で飼っていると、温度が上下するために体調をくずしてしまうこともあります。基本的にはあたたかい部屋で飼うのがいいでしょう。

ペットショップで購入することもできるので、冬眠の研究にも使われるが、繁殖させるのが難しいことや、年に一度しか冬眠しないことから、研究には時間と手間がかかる。

恒温動物の冬眠

体温を5度近くまで下げてねむる

活動中のシマリスは、体温が約37度、心拍数は1分間に約400回ですが、冬眠中の体温は5度くらいまで下がり、心拍数も1分間に10回以下にまで減ります。これによりからだの活動がにぶり、生きるのに必要なエネルギーが少なくてすみます。

冬眠のとちゅうでは、ふだんと同じくらいまで体温が上がり、目をさますことが何度かあります。このときに、たくわえておいた食べものを食べたり、ふんをしたりします。それがすんだら、再び体温を下げ、冬眠を再開します。

冬眠中のシマリスの体温 (cell,2006を改変)

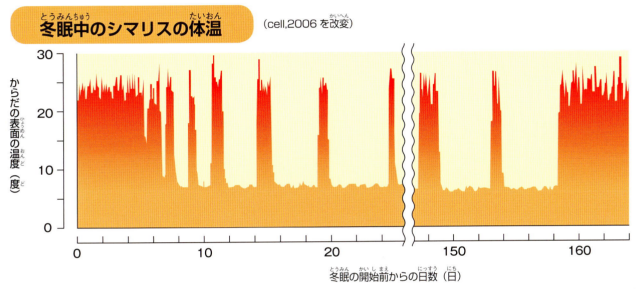

冬眠中のシマリスの、からだの表面の温度の変化をあらわすグラフ。1週間に1回くらいのペースで目をさます。

シマリスの冬眠をつかさどる物質

シマリスのからだの中には、ほぼ1年周期で時をきざむ体内時計が備わっているとともに、「冬眠特異的タンパク質（HP）」とよばれる物質があります。シマリスの冬眠のしくみには、これらが深くかかわっていることが研究によってわかっています。

あたたかい時期には、体内時計の命令で肝臓でさかんにHPがつくられ、血液中にたくさん流れています。ところが冬になると、血液の中のHPは減りますが、その一部が脳に移動します。そして脳の中では増えたHPがさかんに作用し、シマリスのからだを冬眠状態へと導くのです。

1年を通じてあたたかくして飼育すると、からだはあたたかいままで活動状態が続きますが、冬の時期には、冬眠する場合と同じようにHPが脳に移動して増えます。つまり活動しているのに、からだの中は冬眠できる、つまり「ねむらない冬眠」ともいえる状態になります。

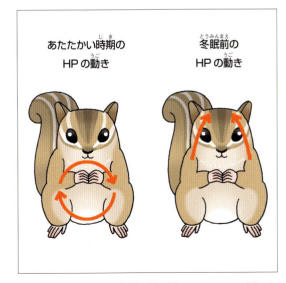

あたたかい時期には、血液の中を流れているHPが脳に移動しないので増えず、作用することはない。

冬眠する最大のほ乳類
クマ

冬眠する動物ときいてクマを思いうかべる人も多いかもしれませんが、クマのなかまにも、冬眠するクマと冬眠しないクマがいます。アメリカクロクマは、冬眠するクマの一種です。

データ
（アメリカクロクマ）
- 体長：1.3〜1.9m
- おもな食べもの：植物の実、昆虫、魚など
- すんでいる地域／場所：北アメリカ／森林
- 冬眠する場所：岩穴、木の洞など

親子で冬眠するアメリカクロクマ。

5〜6か月もねむり続ける

世界には、大きく分けて8種類のクマのなかまがいて、そのうち、ヒグマ、ツキノワグマ、アメリカクロクマ、ホッキョクグマの4種が冬眠することが知られています。ヒグマとツキノワグマは日本にも生息しています。

クマのなかまは、おもに森林でくらしています。冬眠するときは、自分で穴をほって専用の部屋をつくったり、木にあいた穴（洞）を利用し、その中にもぐったりします。

冬眠する期間は種類や場所によってもちがいますが、長いと5〜6か月にもおよびます。

写真提供：ピッキオ（長野県軽井沢町）

ツキノワグマが冬眠した岩穴。まるでベッドのように、かれ葉がしきつめられている。

1章 恒温動物の冬眠

冬眠中は飲まず食わず

クマは冬眠のために一度穴にこもってしまうと、春に活動を始めるまでは何も口にせず、飲まず食わずですごします。また、おしっこやふんもまったくしません。

その分、秋にはたくさん食べて、じゅうぶんに脂肪をたくわえる必要があります。クマは雑食性で、ドングリなどの秋に実る実や昆虫のほか、シカなどもとらえて食べます。

とれれば魚も食べ、秋に川をさかのぼってくるサケをとらえるのは有名（写真はツキノワグマ）。

「冬眠」？ それとも「冬ごもり」？

クマの冬眠には、ほかのほ乳類にはない特徴があります。シマリス（→16ページ）やヤマネ（→24ページ）が冬眠する場合、体温をうみ出すエネルギーを節約するため、からだのはたらきをにぶらせます。そのため、冬眠中はからだが冷たくなり、動けません。

ところがクマの場合、冬眠中も体温があまり下がらず、目ざめて動き出せる状態が保たれます。そのため、クマの冬のすごし方は、冬眠と区別して「冬ごもり」といわれることもあります。

ふだんの体温は37～39度ほど、冬眠中の体温は31～35度ほどで、わずか数度しか変わらない。

クマとヒトの筋肉のちがい

人間（ヒト）の筋肉は、長い間使わずにいるとおとろえてしまいます。そのため、たとえば病気などで長い間寝たきりでいると、ひとりでは歩けなくなってしまい、長期間のリハビリが必要になることがあります。

いっぽう、クマのなかまの場合、何か月も冬眠して筋肉を使わずにいても、筋肉がおとろえるということがありません。そのしくみはまだよくわかってはいませんが、もし解明できれば、寝たきりの人の筋肉のおとろえを防ぐために役立てることができると考えられています。

筋肉がおとろえないので、冬眠から目ざめてすぐ、歩き回ることもできる。

冬眠しながら出産・子育て

クマの冬眠のもうひとつの大きな特徴は、メスのクマのおなかに赤ちゃんがいる場合、冬眠の間に出産をすることです。そして、うまれた赤ちゃんにお乳をあたえて、冬眠しながら子育てもします。

クマは夏のはじめごろに交尾をしますが、メスが、子育てができるだけの栄養を冬眠までにたくわえられるかどうかは、そのときはまだわかりません。そのため、メスのクマのからだは、交尾をしても冬眠直前の11月ごろまでは赤ちゃんができないようになっています。そして、もし栄養がたりなければ、赤ちゃんができないしくみです。

うまれたばかりのクマの赤ちゃんは体重が300gほどだが、冬眠が終わるころには4kgほどまで成長する。

ヒグマの1年

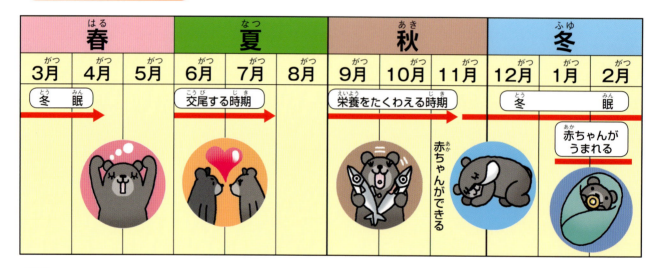

冬のすごし方いろいろ

動物園のクマの冬のすごし方

動物園で飼われているクマは、食べものがじゅうぶんにあるので、ふつうは冬眠せずに一年中活動します。しかし東京にある上野動物園では、より自然の状態に近い環境で飼育するため、ツキノワグマの冬眠展示をおこなっています。

ツキノワグマの飼育舎には、展示室、準備室、冬眠ブースがもうけられます。そして、気温をマイナス5度まで下げられる準備室で冬の訪れを感じたクマは、冬眠用の穴に似せてつくられた冬眠ブースにこもって、冬眠します。

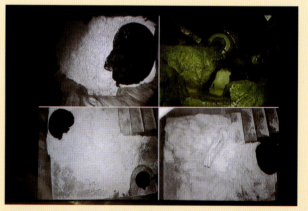

冬眠ブースにはカメラがついていて、中のようすを観察できるようになっている。

1章 恒温動物の冬眠

赤ちゃんのいるメスだけが冬眠

　冬眠するクマのなかまのなかでも、北極圏にくらすホッキョクグマだけは少しようすがちがいます。

　ホッキョクグマは、ふだんはアザラシなどの動物をとらえて食べています（浜に打ち上げられたクジラの死骸などを食べることもあります）。オスや、赤ちゃんのいないメスは、冬の間も狩りをしながらくらし、冬眠することはありません。

　ところが、おなかに赤ちゃんのいるメスだけは、11月から12月ごろ、雪をほって穴をつくり、そこで冬眠をします。そして、ほかの冬眠するクマと同じように、春まで穴の中で出産と子育てをするのです。

夏は歩きながら冬眠？

　ホッキョクグマの狩りのやり方は、こおった海面から息つぎのために顔を出したアザラシをとらえるというものです。そのため、氷がとける7月から11月にかけての時期は狩りが難しくなり、何も食べられない日が続くこともめずらしくありません。

　そこでホッキョクグマたちは、この時期になると、まるで冬眠中のようにからだのはたらきをおさえて栄養を節約し、冬にアザラシを食べてたくわえた栄養で乗りきります。

　活動していながら、からだの中は冬眠状態になっているホッキョクグマのこのようすは、「歩く冬眠」といわれることがあります。

2月の終わりごろ、冬眠していたホッキョクグマのメスは、子どもといっしょに雪穴からすがたをあらわす。

小さなすき間でからだを丸めてねむる
ヤマネ

森にすむ小さなほ乳類であるヤマネは、
木にあいた穴などのせまい場所にもぐりこみ、からだを丸めて冬眠します。

データ
- 体長：6.8～8.4cm
- おもな食べもの：植物の実や種、昆虫など
- すんでいる地域／場所：日本／山地、森林
- 冬眠する場所：落ち葉の下、浅い土の中、木の洞など

からだを丸くしてねむるヤマネ。

いろいろな場所で冬眠

ヤマネはリスと同じ、ネズミのなかまのほ乳類で、おもに夜に活動します。

ふだんは木の上で生活していて、とてもすばしこいのが特徴ですが、気温が9～10度を下回るころになると、すがたをかくして冬眠に入ります。

ヤマネは、子育てをする時期をのぞいて、決まった巣をもたず、いろいろな場所を転々としています。そのため冬眠する場所も、木にあいた穴（洞）や、木の皮のすき間、落ち葉や土の中など、いろいろです。時には、人間が使う山小屋のふとんの中やたんすの中で冬眠することもあります。

夜でもわずかな光をとらえられるよう目は大きく、木の上でバランスをとるための長くふさふさしたしっぽをもつ。

1章 恒温動物の冬眠

ボールのように丸くなるわけ

ヤマネが冬眠するときのお決まりのポーズが、左の写真のような、からだを丸くしたすがたです。

これには、表面積を小さくすることで、からだからにげる熱の量をできるだけおさえるという効果があります。からだをボールのようにするのは、ヤマネなりの、エネルギー節約の工夫なのです。

なお、冬眠中にからだを丸めるこのポーズは冬眠するほ乳類にはよく見られるもので、シマリス（→16ページ）もこのポーズをとることが知られています。

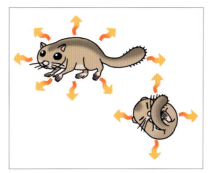

からだの表面積を小さくして、空気にふれる面積を減らせば、その分、熱の放出をおさえられる。長いしっぽも、巻きこむ。

まわりの温度で体温も変化

冬眠中、ヤマネの体温はまわりの温度に合わせて変化します。そのため、まわりの温度が低ければ、1度くらいまでは体温が下がることもあります。

ただ、それ以上体温が低くなると死んでしまいます。そのため、まわりの温度があまりに低くなりすぎたときには逆に体温が上がり、目をさますようになっています。（→15ページ）

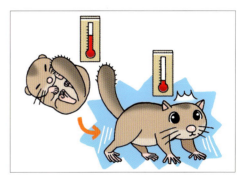

マイナス15度くらいになると、目をさますといわれている。

いろいろな名前をもつヤマネ

ヤマネの名前は、漢字では「冬眠鼠」と書かれることがありますが、ヤマネはほかにも、その冬眠のようすに由来するいろいろな名前でよばれます。たとえば、地方によっては「マリネズミ」「コオリネズミ」とよばれます。これは冬眠中、丸くなってねむるようすや、体温を1度くらいに下げて冬眠することからきていると考えられます。

また世界のヤマネのなかまに目を向けてみると、英語では漢字と同じで「ねむるネズミ」、ドイツ語では「よくねむる者」、ロシア語では「ねぼすけ」といわれることがあるほか、フランス語ではぐっすりねむることを「ヤマネのようにねむる」というようです。

ヨーロッパに生息するヤマネのなかま、ヨーロッパヤマネ。

雪の中にいても、からだを丸めるポーズは変わらない。

雪の中でもねむれる？

　冬になると、雪の中にうもれるようにして冬眠しているヤマネが見つかることがあります。ただしこれは、ヤマネが自分で選んでそうしているわけではありません。ヤマネが冬眠に入る時期は、雪が積もるようになる時期より早いからです。

　これは、冬眠中に気温が低くなりすぎて目を覚ましたヤマネ（→25ページ）が、移動先を探しているうちに再び冬眠に入ってしまったか、よい場所が見つからずにしかたなくそこで冬眠することにした結果ではないかと考えられます。

冬のすごし方いろいろ

自分で選んで雪の中で冬眠する？　コテングコウモリ

　ヤマネとちがって、自ら雪の中で冬眠しているのではないかと考えられている生きものもいます。それが、コテングコウモリです。

　このコウモリは、春先になると雪の上でねむっている状態で見つかることがあります。冬眠から目ざめたあと、何かの理由で、残っていた雪の中で一時的にねむっていたとも考えられますが、コテングコウモリがいた雪穴が、あとからあいたとは思えない場合もあるといいます。

　そのため、まだ科学的に証明されてはいませんが、コテングコウモリは自分で選んで雪の中で冬眠するのではないかという説がとなえられています。

雪穴の中で見つかったコテングコウモリ。小型で、体重5〜7g。

1章 恒温動物の冬眠

秋はいろいろなものをたくさん食べる

ヤマネはリスと同じネズミのなかまですが、シマリスなどとちがって、食べものを巣穴にためこむことはしません。そのかわり、秋になって冬眠の時期が近づくと、とにかくたくさん食べてからだに脂肪をたくわえます。

花や花粉、山に実るアケビやブドウなどの果実、チョウやガ、トンボなどの昆虫を手当たりしだいに食べて太り、体重は1.5倍くらいまで増えます。

アケビの実を食べるヤマネ。ヤマネは繊維質の多い食べものを消化することができないので、植物の実や花や種、昆虫など、消化しやすく栄養の豊富なものを食べる。

冬でなくても休むことも

ヤマネは冬に冬眠するだけでなく、それほど寒くない季節でも、昼間に一時的に冬眠のような状態になることがあります。これを「日内休眠」といいます。

日内休眠は気温がやや低いときや、食べものがあまりとれなかったときに、からだにたくわえた栄養を節約するためのものと考えられます。そのため、春や秋にはひんぱんに日内休眠をおこないます。

日内休眠中のヤマネは、冬眠中と同じように体温が下がり、からだが冷たくなります。

日内休眠するペット

ペットとして人気の高いジャンガリアンハムスターも、ヤマネと同じように日内休眠をすることが知られています。

ハムスターのなかまも、ヤマネと同じで夜行性なので、日内休眠をするのは昼の間です。気温が5度を下回るようになると、体温が夜明け前くらいから下がりはじめて、気温と同じくらいになります。そして、夕方には元にもどります。

冬でも、飼っている部屋の温度が低くなりすぎなければ、日内休眠はしない。

洞くつで身を寄せ合って冬眠する

キクガシラコウモリ

あたたかいころには、夜の間、活発に飛びまわって食べものを探すコウモリのなかまも、えものがいない季節は、すみかにじっと身をひそめて春を待ちます。

データ
- 体長：6.3〜8.2cm
- おもな食べもの：昆虫
- すんでいる地域／場所：北アフリカ、ヨーロッパ、アジア／洞くつ、岩場など
- 冬眠する場所：洞くつ

洞くつの天井で冬眠するキクガシラコウモリ。冬眠に入るときは、つばさでからだをおおうようにして、できるだけ水分の蒸発を防ぐ。

数百頭で冬眠することも

キクガシラコウモリは、おもに山地に生息するコウモリのなかまです。昼間は洞くつの中などにひそみ、夜になると外に出て、暗やみの中で飛んでいる昆虫をとらえて食べます。群れをつくるのを好み、大きい洞くつでは数百頭の群れになることもあります。

気温が低くなると、ふだんのねぐらを出て冬眠のための場所に移動し、なかまどうし、身を寄せ合って春まで活動せずにいます。

ただし、ずっと休みっぱなしというわけでなく、冬眠中もときどき目をさまして、おしっこをしたり、水分補給をしたりします。

キクガシラって何のこと？

小型のコウモリのなかまは、超音波（人間の耳にはきこえない高い音）を出し、その反射音をきくことで、暗やみでもまわりのようすを知ることができます。キクガシラコウモリの場合、その超音波を鼻から出し、鼻の穴のまわりのひだの部分でコントロールしていると考えられています。この独特の形をした鼻がキクの花に見えることから、キクガシラコウモリの名前がついたとされています。

鼻の穴のまわりのひだの部分は「鼻葉」とよばれる。

1章 恒温動物の冬眠

寒いところを選んで冬眠

キクガシラコウモリが冬眠のためのねぐらを選ぶときの条件は、ふだんのねぐらより寒い場所であることです。寒い冬をすごすのに、より寒いところをわざわざ選ぶのは不思議に思えるかもしれませんが、寒い場所でより体温を下げれば、それだけエネルギーを節約することができるのです。

また、からだから水分が蒸発してしまうのを防ぐため、湿度が高いことも、冬眠をする場所の条件となります。

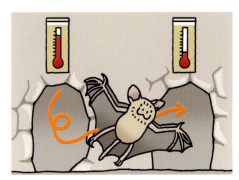

キクガシラコウモリは、気温3〜10度、湿度60〜100パーセントの範囲の場所を冬眠のためのねぐらに選ぶ。

食べものは減るのに体重は増える

秋になると、昆虫の数は夏にくらべてぐっと少なくなります。キクガシラコウモリの食べものも減ってしまうわけですが、不思議なことに、この時期のキクガシラコウモリは逆に太っていきます。これは、活動する時間を短くすると同時に、からだのはたらきをおさえて体温を下げ、休む時間を長くすることで、栄養分を脂肪の形でからだにためこむようになるからです。

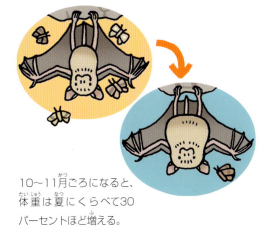

10〜11月ごろになると、体重は夏にくらべて30パーセントほど増える。

冬のすごし方いろいろ

わたりをするコウモリ

つばさをもつほ乳類であるコウモリのなかまのなかには、飛ぶ能力を生かし、鳥のように「わたり」をすることで、冬眠せずに冬を乗りきるものもいます。それが、アメリカなどに生息するメキシコオヒキコウモリです。

夏はアメリカの北部でくらしているこのコウモリの一部は、冬になると食べものを求めて南のメキシコまで飛んでいき、冬眠することなく一年中活動します。その移動距離は、実に1000km以上にもなります。

アメリカ、テキサス州のブラッケン洞くつには、2000万頭のメキシコオヒキコウモリが群れをつくっている。

人間は冬眠できないの？

人間も冬眠している？

この章では、何種類かの冬眠する恒温動物（ほ乳類）を紹介しましたが、もしかすると「人間（ヒト）は冬眠できないの？」と思った人もいるかもしれません。

ふつう「冬眠」という場合、体温が10度以下になった状態で1日以上生きられ、しかも自力で元の体温にもどることができることをいいます。残念ながらヒトにはそんなことはできません。体温が30度より低くなれば、神経や心臓などの重要な器官が正常にはたらかなくなって、命にかかわります。

ヒトには、冬眠する動物ほど、長い時間低い温度にたえることはできないのです。ただ、ではヒトが冬眠できないかというと、必ずしもそうではないかもしれません。

シマリスの場合、体内時計と冬眠特異的タンパク質（HP）という物質のはたらきによって、冬になるとからだが冬眠できる状態になります（→ 19ページ）。じつはこのHPに似たタンパク質が、人間のからだにもあることがわかっています。

また、一年中あたたかい環境に置かれたシマリスは、体温が下がらなくても、冬にはからだが冬眠できる状態になりますが、このときには、ふだんよりおとなしくなり、食欲もあまりなくなります。

ヒトにも、冬になると何となく気分がふさいで、何もする気が起きなくなってしまう、という症状が出ることがあります。ヒトにもHPに似た物質があることを考えると、もしかすると、つかれたからだが、冬眠できる状態のようになって休んでいる可能性もあります。

つまりヒトにも、シマリスほどではないにしても、冬眠する能力は備わっているかもしれないのです。じっさい、ヒトと同じサル目にも、冬眠するものが見つかっています。

冬眠で長生き？

ほかにも、冬眠のしくみとヒトのからだとのかかわりについては、いろいろなことが研究されています。

たとえば、冬眠するほ乳類は、同じくらいの大きさのからだをもつ冬眠しないほ乳類にくらべて、長生きであることが知られています。これは、からだが定期的に冬眠できる状態になることと関係があるのではないかと考えられています。また、冬眠中のほ乳類は、細菌が引き起こす病気にかからないという実験結果もあります。

こうした分野の研究がもっと進めば、将来は、冬眠のしくみを利用することで、より長生きできるようになったり、けがや病気を治せるようになったりする日がくるかもしれません。

第 2 章

変温動物の冬眠

変温動物の冬眠のひみつ

は虫類、両生類、魚類、昆虫といった変温動物は、冬の間は活動したくてもすることができないため、冬眠して春を待ちます。そこには、どんな工夫があるのでしょうか。

動けなくなる前に準備

　せきつい動物のうちのは虫類、両生類、魚類と、昆虫などの無せきつい動物は、体温を調節することができない変温動物です（→7ページ）。恒温動物とちがい、からだの中で体温を上げるために熱をつくるしくみがないので、太陽の光をあびるなどして体温を上げなければ、活動することができません。
　そして気温が低くなる冬には、それに合わせて体温も下がっていくため、やがて活動できなくなってしまいます。そこで、そうなる前に安全に冬をこすことができるよう、冬眠の準備をします。

は虫類であるカメのなかまがする甲羅ぼしには、太陽の光をあびることで体温を上げる効果がある。

からだがこおらないように

　恒温動物の場合、冬眠中でも体温を一定に保つしくみがはたらき続けているため、冬眠中に保つべき設定温度より体温が下がりそうになれば、体温を上げることができます（→15ページ）。ところが、変温動物のからだでは、まわりの温度が下がれば下がっただけ体温も低くなるので、自分のいる場所の温度が0度以下になれば、体温が0度以下になることもあり得ます。もし体温が0度以下になれば、からだの中の水分がこおって、生きていられません。
　そのため、変温動物が冬を生きのびるには、活動できずにじっとしていても、からだがこおってしまわない場所で冬眠することが重要になります。
　そこで、多くの変温動物が冬眠する場所として選ぶのが、土の中や水の底です。このような場所は、ふつう地上よりも少しあたたかいうえ、温度の変化も少なく安定しているからです。

温度が0度以下にならない場所にいれば、からだがこおってしまうことはない（写真は、土の中で冬眠しているヘビのなかま、ヒバカリ）。

春になると自然に目ざめる

変温動物は冬眠中、活動することができない、いわば仮死状態です。シマリス（→ 16 ページ）などのように、冬眠のとちゅうで目をさますことはありません。また、近くで大きな音を立てたり、からだをさわってみたりしても、ねむったままです。

春になってあたたかくなると、自然と体温が上がり再び活動できるようになるので、冬眠していた場所を出て、地上にすがたを見せます。

このように、変温動物の冬眠は、恒温動物とは異なる部分も多いため、「冬眠」ということばを恒温動物にかぎって使い、変温動物の冬のすごし方は「冬ごし」や「越冬」、「休眠」と表現する場合もあります。

冬の間は見かけることがなかったは虫類や両生類たちが顔を出すと、春の訪れを感じさせる。

冬眠だけではない「休眠」

無せきつい動物である昆虫も、変温動物です。

昆虫の一生には、卵、幼虫、さなぎ（さなぎの時期がない昆虫もいる）、成虫という4つの段階があります。昆虫はきびしい環境に置かれると、この4つのうちのいずれかの段階で、活動や成長を止めた状態ですごすことがあります。これを「休眠」または「発生休止」といいますが、体温が下がってしまう冬も、そんなきびしい環境のひとつであり、多くの昆虫が休眠状態で冬をこします。4つの段階のどの状態で冬をこすかは、昆虫の種類によって決まっています。

ただし昆虫の場合、種類や地域によっては乾燥がきびしい時期にも、同じように活動や成長を止めた状態ですごす例が多くあります。これについては、もともとは赤道に近いあつい地域で乾燥から生きのびるために身につけた休眠のしくみを、より寒い地域でくらすようになったときに、冬を生きぬくために応用するようになったと考えられています。

ほかに、あつい地域にくらすカエルのなかまや、カタツムリなども、夏に休眠することが知られていて、「夏眠」とよばれることがあります（→ 40 ページ）。

寒さがきびしい地域でくらす変温動物

からだの中の水分がこおらないようにするには、地中や水底など、やや温度の高い場所で冬をすごすのは効果的な方法です。しかし、非常に寒いところ、たとえば北極圏や南極圏といった地域でくらす変温動物の場合、それでもからだがこおるのを防ぐことはできません。そのため、べつの方法で命を守っています。

たとえば、北極圏にもすむことで知られるアメリカアカガエルは、からだの水分中の糖分の割合を上げることで、こおりつかないようにすることができます。

また南極圏の海には、血液の中に、こおりつくのを防ぐ成分をもっている魚類もいます（→ 35 ページ）。

魚類の冬眠
ドジョウ／マブナ

池や川にすむ魚も、冬にはじっと動かなくなることが多くなります。深い水の底や物かげにかくれて春を待っているのです。

データ

（ドジョウ）
- 体長：10〜18cm
- おもな食べもの：昆虫など
- すんでいる地域／場所：
  日本各地、中国、朝鮮半島、台湾／
  池、水田、用水路など
- 冬眠する場所：どろや砂の中など

頭から、どろの中にもぐりこむ。深さは、5〜20cmほど。

どろの中にもぐりこむドジョウ

ドジョウは、流れのゆるやかな浅瀬を好む淡水魚で、池や小川のほか、春には水が入った田んぼや用水路などでもよく見られます。ボウフラやイトミミズなど、水底の小動物を好んで食べます。

ドジョウは、えらだけではなく腸でも呼吸ができます。そのため、秋に田んぼの水がなくなると、田んぼのどろの中にもぐりこみ、そのままどろの中で春を待ちます。

また、きれいな川にすむシマドジョウの場合、川底の砂にもぐって冬ごしします。

ドジョウはおならをする？

腸で呼吸をすることができるドジョウは、水中の酸素がたりなくなると、水面で空気を飲みこんで腸にため、そこから酸素をとり入れます。ドジョウがときどき水面に顔を出すことがあるのは、このためです。

また、酸素をとり入れたあとの残った空気は、人間でいうおならのように、肛門からからだの外に出されます。

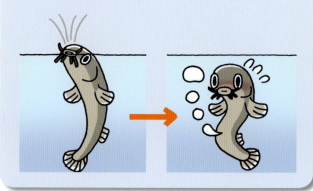

2章 変温動物の冬眠

フナはコイのなかまで、見た目も似ているが、口ひげはない。

データ
（ギンブナ）
- 体長：25〜30cm
- おもな食べもの：動物プランクトン、藻など
- すんでいる地域／場所：日本各地／池や川
- 冬眠する場所：水底の岩かげや水草の間など

冬になると身をかくすマブナ

マブナは、池や川にふつうに見られる、身近な淡水魚です。一般的にマブナとよばれているフナのなかまは、ギンブナとキンブナです。池や川の流れのおだやかな場所にすみ、水底の虫などの小さな動物や、藻などの植物を食べます。

フナは冬になると動きがにぶくなり、水底の岩や水草など、身をかくせる場所で春を待ちます。

ただし、完全にねむってしまうわけではなく、えさを食べることもあります。そのため、冬のフナは「寒ブナ」とよばれ、釣りの対象とされています。

❄ 冬のすごし方いろいろ

もっとも寒さに強い魚——コオリウオ

南極の海にくらすコオリウオのなかまは、ふつうの魚ではからだがこおってしまうような冷たい水の中でも生きていけます。

その理由は、血液にあります。コオリウオの血液には「不凍タンパク質」とよばれる物質がふくまれていて、こおることがありません。そのため、南極のようなきびしい環境でもくらすことができるのです。

また、コオリウオの血液には、人間などの血液の赤い色のもとであるヘモグロビン（からだの中で酸素を運ぶ役割をもつ）という物質がありません。そのため、無色透明な血液をしています。

日本の水族館で展示されたコオリウオのなかま、ジャノメコオリウオ。

両生類の冬眠

トノサマガエル／アカハライモリ

ほ乳類やは虫類より乾燥に弱い両生類は、多くの場合、水辺の近くのしめった場所で冬眠します。

データ

〈トノサマガエル〉
- 体長：3.8〜9.4cm
- おもな食べもの：昆虫など
- すんでいる地域／場所：本州、四国、九州、中国、朝鮮半島／水田、川など
- 冬眠する場所：地面にほった穴など

深さ10cmほどの地中で冬眠するトノサマガエル。

地面の中にもぐりこむ

トノサマガエルは、水辺でふつうに見られるカエルです。活発でよくはね、えものを見つけると、舌をのばしたり、飛びかかったりしてとらえます。また、オスははげしく鳴いてメスに求愛することでも知られています。

トノサマガエルは秋になると、すんでいた池や田んぼの近くの地面に穴をほってもぐったり、落ち葉の下にもぐりこんだりして身をかくし、そこで冬眠に入ります。

冬眠中はじっとからだを動かさずにエネルギーを使わないため、春に目がさめるまで、何も食べることはありません。

ペットのカエルの冬眠

野生ではない、人間に飼われているカエルも、冬眠をすることがあります。ただしその場合、寒くなる前にえさをたくさんやって太らせる、ミズゴケや落ち葉などを用意して、冬眠場所をつくる、カエルを入れているケージ（かご）の温度を一定の温度以下に保つ、といったことが必要になります。

ケージの中にしきつめられた落ち葉の中で冬眠するシュレーゲルアオガエル。

しめった場所で冬眠

アカハライモリは、流れの弱い小川や池、田んぼや用水路などに生息しています。ふだんは、水中や岸辺のしめった物かげを動きまわりながら、食べものとなる小さな虫を探し、敵におそわれると、からだから毒を出して身を守ります。

繁殖期には、オスがメスの目の前で尾をふるわせてフェロモンを出すという、独特の求愛をおこないます。

秋になると、水辺の岩や倒木の下などにもぐりこんで、そこで冬眠します。

データ
（アカハライモリ）
- 体長：8～13cm
- おもな食べもの：昆虫など
- すんでいる地域／場所：本州、四国、九州／池、川、水田など
- 冬眠する場所：岩や倒木のかげなど

からだをそらせるようなポーズで冬眠中のアカハライモリ。

❄ 冬のすごし方いろいろ

冬眠のとちゅうで卵をうむカエル

おもに森林や草地にくらす日本固有種のニホンアカガエルは、落ち葉の下や池の水底などで冬眠しますが、まだ寒い1月から3月ごろに一度冬眠から目ざめて、田んぼや池に集まって繁殖行動をおこないます。そして卵をうんだあと、再びあたたかい季節まで冬眠するという、変わった習性をもっています。

これは、ヘビのような肉食動物や、タガメのような肉食性の水生昆虫といった天敵が活発に活動するあたたかい時期をさけて、安全に産卵するためです。

近い種類のヤマアカガエルも、同じような行動をすることが知られています。

あざやかなオレンジ色がかったからだをもつニホンアカガエル。

は虫類の冬眠
アオダイショウ／クサガメ

気温が低いと体温も下がる変温動物であるは虫類は、冬には動けなくなってしまいます。そのため安全な場所に身をかくして、じっと春を待ちます。

データ

（アオダイショウ）
- 体長：1.1〜2.2m
- おもな食べもの：ネズミなど
- すんでいる地域／場所：日本各地／山地、森林など
- 冬眠する場所：土の中など

マムシとまちがえられることがあるが、アオダイショウは毒をもたない。

長いからだを丸めるアオダイショウ

アオダイショウは、人家のそばでも見られる身近なヘビです。

は虫類は、からだが冷えると、陽だまりなどのあたたかい場所で、活動できる体温になるのをじっと待ちます。自分で体温をうみ出せないためです。生きるのに必要なエネルギーが少なくてすみますが、寒いと動けなくなってしまいます。

アオダイショウも冬には冬眠しなければなりません。極端な湿気や乾燥をきらうため、秋になると適度にしめった場所を選んで、長いからだを丸めて冬眠に入ります。

おめでたいアオダイショウ

山口県の岩国市には、世界的にもめずらしい、からだが真っ白なヘビがすんでいます。その外見から、古くからおめでたい存在とされ、「岩国のシロヘビ」として国の天然記念物にもなっています。

ただし、シロヘビという種類のヘビがいるわけではありません。じつはこれは、「メラニン」という黒っぽい色のもとをもたずにうまれたアオダイショウです。ふつう、白いアオダイショウはごくまれですが、岩国市では、高い確率であらわれます。

白いウサギと同じで、メラニンをもたないために目は赤い。

2章 変温動物の冬眠

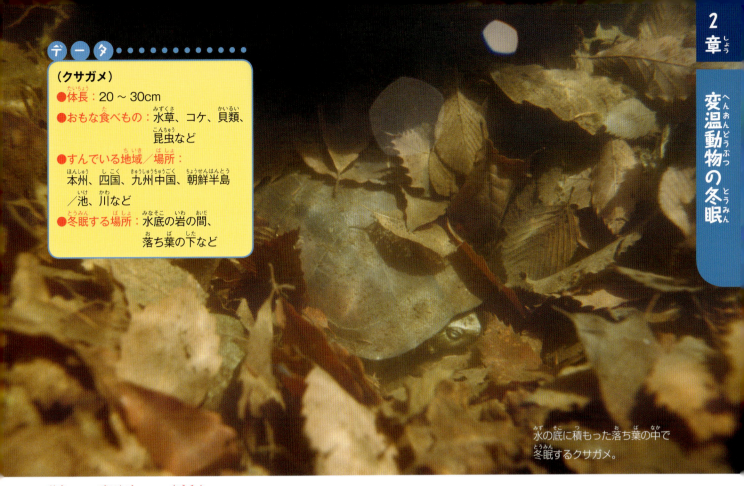

データ

（クサガメ）
- 体長：20～30cm
- おもな食べもの：水草、コケ、貝類、昆虫など
- すんでいる地域／場所：本州、四国、九州中国、朝鮮半島／池、川など
- 冬眠する場所：水底の岩の間、落ち葉の下など

水の底に積もった落ち葉の中で冬眠するクサガメ。

陸でも水中でも冬眠できるクサガメ

クサガメはふだん、日当たりのいい場所に上陸して、甲羅ぼしをすることでからだをあたためます。自分で体温を上げられないので、冬には、冬眠しなければなりません。

クサガメは肺で呼吸をするは虫類で、水辺の土の中で冬眠することもありますが、魚のように水底で冬眠することができます。

これは、のどや肛門の奥にある副膀胱という器官から、少しずつ水中の酸素をとり入れられるしくみをもっているためです。

冬のすごし方いろいろ

冷たい海でも活動できるオサガメ

体長2m以上に成長することもあり、世界一大きなカメとして知られるオサガメは、世界の海を回遊しながらくらします。

カメはふつう、冷たい水の中では動けなくなってしまいますが、オサガメは北極海に近いカナダの冷たい海にまですがたをあらわします。

コップのお湯はすぐ冷めても、お風呂のお湯は冷めにくいように、からだの大きなオサガメは、一度からだがあたたまると冷めにくく、冷たい海でも活動できるのです。

オサガメは冷たい海に多くいる、好物のクラゲを食べるために毎年回遊すると考えられています。

甲羅に7本のもり上がった線が特徴で、甲羅そのものはほかのカメのようにかたくない。

貝類・甲殻類の冬眠

カタツムリ／アメリカザリガニ

貝のなかまやエビやカニのなかまも、変温動物です。
寒くて活発に動けない冬には、それぞれのやり方で冬眠をします。

データ
（ミスジマイマイ）
- 体長：3.5cm（からの直径）
- おもな食べもの：植物の葉など
- すんでいる地域／場所：
  関東地方／木の上など
- 冬眠する場所：落ち葉の下など

落ち葉の下で冬眠するミスジマイマイ。
膜には小さな穴があいていて、呼吸はできるようになっている。

うすい膜でからを閉ざすカタツムリ

　陸上でくらすカタツムリは、じつは水の中にすむ貝のなかまです。そのため、乾燥に非常に弱く、からだがかわくと死んでしまいます。

　そこで、空気がかわいた日や冬眠中には、からの入り口に「エピフラム」という、粘液をかわかしてつくったうすい膜をはって中にこもります。

　カタツムリはあたたかい季節でも、行動できないかわいた時期には、植えこみの中や、建物のすき間などで休みます。これは「夏眠」とよばれます。冬眠をするときも同じように、落ち葉の下などにかくれています。

夏眠するときは、木の幹にはりついていることもある（写真はクチベニマイマイ）。

田んぼに穴をほってもぐるアメリカザリガニ

アメリカザリガニは、エビやカニと同じ甲殻類のなかまです。その名前のとおり、もともとは日本にすむ生き物ではなく、アメリカから食用に輸入されたウシガエルのえさとして、日本にもちこまれたと考えられています。その後、逃げだしたものが増え続け、現在では日本各地でもっともふつうに見られるザリガニとなっています。

アメリカザリガニには、もともと穴をほってすみかをつくる習性があり、冬眠もやわらかいどろにほった巣穴でおこないます。とくに、やわらかいどろがたっぷりある田んぼはアメリカザリガニの冬眠に都合がよく、深さが30cmにもなる穴をほり、その中にもぐりこんで冬眠します。

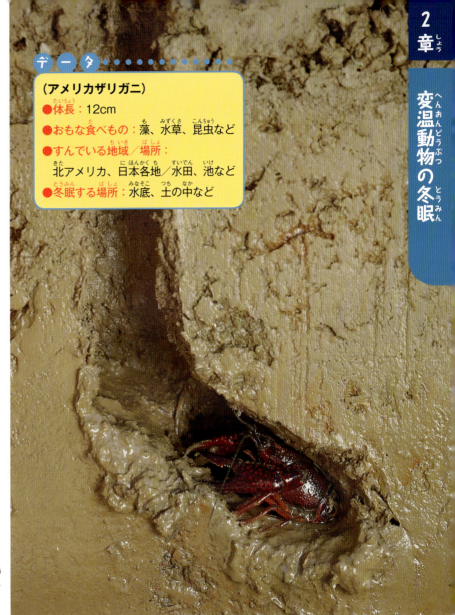

データ

（アメリカザリガニ）
- 体長：12cm
- おもな食べもの：藻、水草、昆虫など
- すんでいる地域／場所：北アメリカ、日本各地／水田、池など
- 冬眠する場所：水底、土の中など

2章 変温動物の冬眠

アメリカザリガニは、ザリガニのなかでは少ない水でもたえられる種類で、田んぼの水がぬかれてしまっても生きられる。

寒さを好むニホンザリガニ

日本にいるザリガニのなかには、もともといたニホンザリガニという種類もいます。
アメリカザリガニの小さいものがニホンザリガニとかんちがいされることがありますが、じっさいは、北海道と東北地方の、森の中の渓流や湖にだけすむザリガニです。20度以下の冷たくきれいな水にしかすめないため、北日本でしか見られません。

ニホンザリガニは、アメリカザリガニよりずんぐりしていて、大きさは6cmほどにしかならない。

卵で冬をこす昆虫
オオカマキリ／トノサマバッタなど

昆虫たちは、種類によって、さまざまな方法で冬をすごしています。そのひとつが、卵の中で冬をこすことです。

データ

（オオカマキリ）
- 体長：6.8〜9.5cm
- おもな食べもの：昆虫など
- すんでいる地域／場所：日本各地／草地など
- 冬眠する場所：かれ草のくきなど

オオカマキリのメスは10月ごろ、かれ草のくきなどに卵をうみつける。卵のうの中には150〜200個くらいの卵が入っている。

からに守られ寒さをしのぐ

昆虫たちが寒い季節を生きのびるための工夫のひとつが、卵のすがたで冬をすごすことです。

からで守られている卵の状態ならば、乾燥や低温から身を守ることができます。さらに、卵をうむ親は、つつんで守ったり、土の中にうみつけたりすることで、卵をきびしい寒さから守ります。

たとえばカマキリのなかまは、卵をうむと、からだからあわのようなものを出して、卵をつつんで守ることで知られます。これを「卵のう」といいます。

卵の中で冬をすごした昆虫たちは、春の訪れとともに、いっせいに卵から出て、ふ化します。

卵のうの外見は、カマキリの種類によってさまざま。写真はチョウセンカマキリの卵のう。

2章 変温動物の冬眠

データ
（トノサマバッタ）
- 体長：3.5〜5.5cm
- おもな食べもの：植物の葉など
- すんでいる地域／場所：日本各地／草地など
- 冬眠する場所：土の中

卵をうむときは、はらの先を地面にさしこむ。

トノサマバッタは、卵のうでつつんだ卵を、土の中にうみつける。

エンマコオロギも土の中に卵をうむが、こちらは1個ずつバラバラにうみつけられる。

データ
（エンマコオロギ）
- 体長：2〜3.5cm
- おもな食べもの：昆虫など
- すんでいる地域／場所：日本各地／草地など
- 冬眠する場所：土の中

❄ 冬のすごし方いろいろ

寒くないとふ化できないカイコの卵

まゆが絹糸の原料になるガのなかま、カイコは、2種類の卵をうみます。冬をこしてからふ化する「休眠卵」と、冬をこさずにふ化する「非休眠卵」です。

「休眠卵」は、うまれて少したつと成長が止まった状態になります。中では、成長に必要なエネルギー源が、別の物質に形を変えてたくわえられます。そしてこの物質は、卵が一定期間、低い温度にさらされることで、もとのエネルギー源へともどります。

そのため、冬の寒さを経験しないと成長が止まったままになってしまい、ふ化することができません。

カイコの産卵のようす。1回で数百個の卵をうむ。

幼虫で冬をこす昆虫
カブトムシ／ギンヤンマなど

昆虫には、子どもの時期とおとなの時期でからだのつくりや食べるものがまったくちがうものもいます。そして、その子どものからだで冬をこす昆虫もいます。

いろいろな場所ですごす

幼虫は、昆虫が成虫（おとな）になる前の、子どものすがたです。昆虫のなかには、この幼虫の状態で冬を生きのび、あたたかくなってから、さなぎ（→46ページ）や成虫といった、次の段階へと成長するものもいます。

幼虫が冬をすごす場所は、昆虫の種類によってちがいます。カブトムシのように、土の中ですごすものもいれば、カミキリムシのように木の中ですごすもの、さらにはトンボやホタルのなかまの幼虫のように、水中で冬をこすものもいます。

また、セミのなかまなどのように、ひと冬だけでなく、何年も幼虫のすがたで土の中ですごす昆虫もいます。

> **データ**
> （カブトムシ）
> ●体長：2.7〜7.5cm
> ●おもな食べもの：樹液など
> ●すんでいる地域／場所：日本各地／森林など
> ●冬眠する場所：土の中

カブトムシとクワガタムシのちがい

昆虫のなかでも、とくに人気の高いカブトムシとクワガタムシ。じつは冬のすごし方から見ると、これらの昆虫には、ちがいがあります。それは、カブトムシが成虫で冬をこせないのに対して、クワガタムシには、成虫で冬ごしする種類もいるということです。

ノコギリクワガタやミヤマクワガタは、カブトムシと同じで幼虫でしか冬ごししませんが、寿命の長いオオクワガタ、コクワガタ、ヒラタクワガタなどは、成虫でも冬を乗りきることができます。

寿命が5年ほどと長いオオクワガタは、幼虫のとき朽ち木の中などで冬ごしをし、成虫になってからも冬ごしをする。

土の中にもぐったカブトムシの幼虫は、落ち葉などが積もってできた腐葉土を食べてすごす。

2章 変温動物の冬眠

データ

（オオミノガ）
- 体長：2.5～3.5cm
- おもな食べもの：植物の葉など
- すんでいる地域／場所：本州、四国、九州／山地など
- 冬眠する場所：木の枝

データ

（ギンヤンマ）
- 体長：6.2～7.4cm
- おもな食べもの：昆虫など
- すんでいる地域／場所：日本各地／池、沼、水田など
- 冬眠する場所：水の中

トンボのなかまも、「ヤゴ」ともよばれる幼虫の状態で冬をこす。成虫であるトンボとちがい、水の中でくらし、ミジンコや小魚などを食べる。

「ミノムシ」ともよばれるオオミノガの幼虫は、「みの」の中で冬をすごす。植物の枝や葉などをつなぎ合わせてつくったみのは、木の枝に固定されている。

幼虫の冬ごしと「こも巻き」

秋から冬にかけて、公園などの木の幹に、腹巻きのようなものが巻かれているのを見たことはないでしょうか。これは「こも巻き」といって、害虫を退治するためのものです。

マツカレハというがのなかまは、マツの葉を食べてしまう害虫で、樹皮の下で幼虫で冬ごしをします。そこで、こもを木に巻いておくと、よりあたたかいので、秋にマツカレハの幼虫がこもに集まってきて、冬ごしをします。そのこもを、春先にはずして焼くと、害虫退治をすることができるというわけです。

ただ、害虫を食べてくれる昆虫なども集まって、いっしょに焼かれてしまうこともあります。

こもは、わらを編んでつくられる。「こも巻き」は、江戸時代からおこなわれているといわれる。

さなぎで冬をこす昆虫
モンシロチョウ／アゲハチョウなど

一部の昆虫は、幼虫から成虫へとからだが変化するとちゅうで、いったん「さなぎ」になります。この、さなぎの状態で冬をこすものもいます。

データ
（モンシロチョウ）
- 体長：4.5〜5cm（広げたはねのはば）
- おもな食べもの：花のみつ
- すんでいる地域／場所：日本各地／草地など
- 冬眠する場所：木の枝など

モンシロチョウのさなぎ。幼虫だったときに口から出した糸で、植物のくきに固定されている。

からだのない状態で冬ごし

昆虫の成長のしかたには、幼虫→さなぎ→成虫の順に成長する「完全変態」と、幼虫→成虫と成長する「不完全変態」があります。そして、完全変態をする昆虫のなかには、さなぎの状態で冬ごしをするものもいます。さなぎの状態では、食べものを必要としないため、食べるものがない冬をさなぎですごすことは、よい方法といえるかもしれません。

さなぎの中は、一部を残して幼虫のからだがいったんとけ、ドロドロになった状態です。そのため、冬ごしをするさなぎの中では、このドロドロのからだがこおってしまわないようにする成分がつくられます。

チョウのいろいろな育ち方

モンシロチョウやアゲハチョウは、さなぎの状態で冬ごしをしますが、じつはすべてのチョウがそうだというわけではありません。これらのチョウには、春にうまれるものもいれば、秋にうまれるものもあります。さなぎで冬ごしをするのは、秋にうまれたチョウです。

さらに、秋にうまれたチョウでも、冬になる前にさなぎから成虫になるものと、さなぎのままで冬をこすものとがいます。

秋のうちに成虫になるか、さなぎで冬ごしをするかは、幼虫のときにどれくらい日光をあびたかによって決まると考えられています。

2章 変温動物の冬眠

データ
（ナミアゲハ）
- 体長：6.5〜9cm（広げたはねのはば）
- おもな食べもの：花のみつ
- すんでいる地域／場所：
  日本各地／草地など
- 冬眠する場所：木の枝など

アゲハチョウのなかまのさなぎは、緑色のものと茶色のものがある。何色になるかは、まわりの環境によって決まり、葉っぱのある木では緑に、かれ枝などでは茶色になる。これは、まわりの色に合わせることで敵から身をかくす「保護色」だと考えられる。

 冬のすごし方いろいろ

まゆで冬ごしするイラガ

ガのなかまは、さなぎになる前に糸をはいて自分のからだをつつむふくろのようなものをつくり、その中でさなぎになります。このふくろが「まゆ」です。

イラガというガのなかまの場合、このまゆの状態で冬をすごします。

ただ、冬の間はまださなぎになっていません。そのひとつ前の段階である「前蛹」の状態ですごしていて、春になってから、まゆの中でさなぎになります。

茶色のもようがあるのが、イラガのまゆの特徴。

成虫で冬をこす昆虫
ナミテントウ／スズメバチなど

昆虫には、おとなの状態である成虫のすがたで冬をこすものもいます。成虫の場合でも、食べるもののない冬の時期のすごし方には、さまざまな工夫があります。

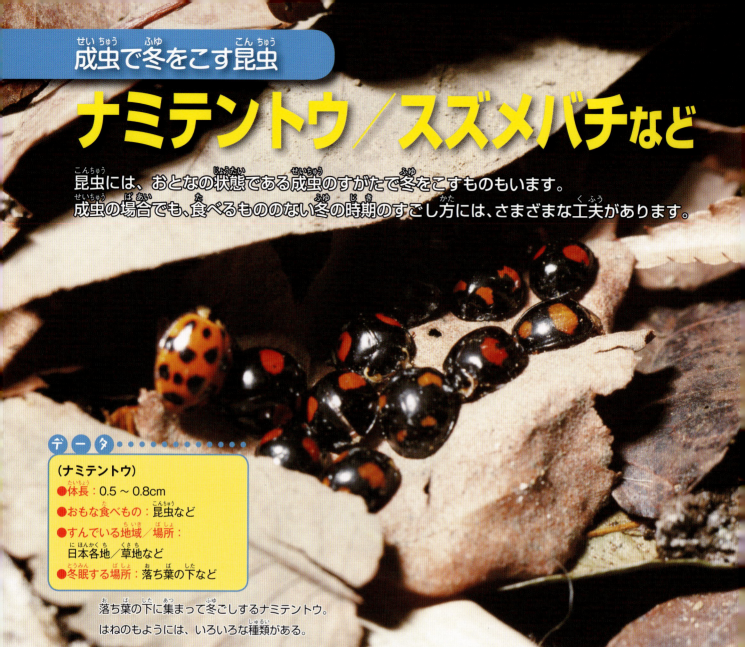

データ
（ナミテントウ）
- 体長：0.5～0.8cm
- おもな食べもの：昆虫など
- すんでいる地域／場所：日本各地／草地など
- 冬眠する場所：落ち葉の下など

落ち葉の下に集まって冬ごしするナミテントウ。はねのもようには、いろいろな種類がある。

集まってすごす昆虫も

　成虫のすがたで冬をすごすものは、昆虫のなかでもあまり多くはないといわれています。
　成虫で冬をすごす場合も、落ち葉の下や木の中など、なるべく冷たい風などをさけられる場所でじっとしているのは変わりありません。なかには、人間の家に入りこむものもいます。
　成虫で冬ごしするとき、ひとつの場所に何びきもが集まり、いっしょに春まですごす昆虫もいます。これを「集団越冬」といいます。からだを寄せ合うことで、寒さや乾燥から身を守る効果があると考えられます。

集団越冬は日かげで

　ナミテントウが集団越冬をおこなう場合、日当たりのよい場所よりも、日かげを選ぶことが多いようです。
　日当たりのよい場所のほうが、冬でも少しはあたたかいように思えます。ただし、そのような場所は夜になると気温がぐっと下がるため、1日のなかでの気温の変化が大きくなります。変温動物である昆虫は、そのような気温のはげしい変化には、うまく対応できません。
　その点、温度の変化の少ない日かげは、冬ごしするのに都合がよいということになります。

2章 変温動物の冬眠

データ
（ヒメスズメバチ）
- 体長：2.4〜3.2cm
- おもな食べもの：昆虫など
- すんでいる地域／場所：本州、四国、九州／草地など
- 冬眠する場所：朽ち木の中、土の中など

土の中で冬ごしするヒメスズメバチ。スズメバチのなかまの場合、冬をこせるのは女王バチだけで、ほかの働きバチは、その前に死んでしまう。春になると、女王バチは新しい巣をつくり、そこで新しい働きバチの卵をうむ。

データ
（ウラギンシジミ）
- 体長：3.8〜4cm（広げたはねのはば）
- おもな食べもの：（幼虫）植物の花や葉など
- すんでいる地域／場所：日本各地／草地など
- 冬眠する場所：植物の葉の裏など

かれ葉の裏で冬ごしするウラギンシジミ。チョウのなかまにはさなぎで冬をこすものもいるが（→46ページ）、このチョウは成虫で冬ごしをする。名前のとおり、はねの裏側が銀色をしている。

❄ 冬のすごし方いろいろ

冬でも元気な昆虫——フユシャク

　昆虫は、卵、幼虫、さなぎ、成虫と、すがたはちがっても冬の間は休んでいるものがほとんどですが、なかには例外もいます。

　たとえば、フユシャクとよばれる種類のガのなかまです。これらのガは、名前のとおり、おもに冬に活動し、ほかの昆虫のように、冬をじっとしてすごすということをしません。冬の間に産卵をして、春に卵から幼虫がふ化すると、夏はさなぎの状態で休み、冬に羽化して成虫になります。ほかのガのなかまとは季節が逆転したような1年をすごすのです。

　これには、冬に活動すれば、おそってくる敵が少ないという理由があると考えられています。

シャクガという種類のガのなかまで、冬に活動するものをまとめて、フユシャクとよぶ。写真はそのひとつのクロスジフユエダシャク。

コラム 水がなくても夏眠で乗りきるハイギョ

魚なのに肺で呼吸

　変温動物のなかには、乾燥がきびしい時期を生きぬくために「夏眠」をするものがいます（→33ページ）。そのなかでも、少し変わった特徴をもっているのが、ハイギョ（肺魚）とよばれる魚のなかまです。

　ハイギョのなかまは、オーストラリアやアフリカ、南アメリカの沼などにすんでいます。その大きな特徴は、名前のとおり、肺をもっていることです。

　ふつう魚は、えらを使って、水から酸素をとり入れて呼吸をしています。ところがハイギョの場合、えらももっているものの、呼吸のほとんどは肺でおこない、酸素は空気からとり入れます。ずっと水中にいるとおぼれてしまうため、ときどき水面に顔を出して息つぎをしなければ生きていけません。

　魚としてはかなり変わっていますが、じつはこの能力が、夏眠をするうえでは、とても大きな意味をもちます。

アフリカにくらすハイギョのなかま、プロトプテルス・アネクテンス。魚類から両生類へと進化するとちゅうのすがたを保つ生きものと考えられ、「生きた化石」ともいわれる。

まゆをつくって沼底にもぐる

　ハイギョのなかまは、雨の多い雨季と、雨がほとんど降らない乾季とがはっきり分かれている環境にくらしています。そのようなところでは、乾季になると沼の水がすべて干上がってしまうこともめずらしくありません。

　ふつうの魚であれば、もちろん生きていられませんが、ハイギョのなかまは、この時期を夏眠で生きのびることができます。いったいどうするかというと、からだから出す粘液で沼の底の土をかためて「まゆ」をつくり、その中で雨季がやってくるのを待つのです。

　水の中にいなくても呼吸できるからこその、独特の生きのび方といえます。

夏眠中のプロトプテルス・アネクテンスのまゆ。

第3章 植物の冬ごし

植物の冬ごしのひみつ

この章で紹介するのは、植物たちの冬のすごし方です。動物のように動きまわることのできない植物には、動けないからこその、冬を乗りきるための戦略があります。

冬は栄養を得にくい

　植物も、冬眠する動物と同じように、冬の間は活動や成長を止め、ほかの季節とはちがったすごし方をしています。これを「冬ごし」あるいは「休眠」といいます。植物がそうする理由のひとつは、栄養不足です。
　植物が生きていくのに欠かせない活動のひとつが、光合成です。これはおもに葉で、太陽の光のエネルギーを使って、水と二酸化炭素から、生きるため、成長するための栄養分をつくり出すことです。
　ところが、冬は太陽が高くのぼらず、出ている時間も短いため、ほかの季節のように効率よく光合成をおこなうことができません。そのうえ、気温が低いと、光合成のはたらき自体がにぶってしまうという問題もあります。

夏は、太陽の光から得られるエネルギーが多く、光合成のはたらきも活発になる。

冬は、太陽の光から得られるエネルギーが少ないうえ、光合成のはたらき自体がにぶる。

冬は水分も不足する

　植物が冬に直面するもうひとつの大きな問題が、水分不足です。
　植物は、生きるために必要な水分を地中から根で吸い上げることによって得ています。ところが、冬の低温は、光合成だけでなく、水分を吸い上げるはたらきもにぶらせてしまいます。
　また、植物の中の水分は、葉にある気孔という穴などから蒸発していきます。このはたらきを「蒸散」といいます。根からあまり吸い上げることができないのに、どんどん水分が蒸散していっては、植物はかれてしまいます。
　冬になると葉をすべて落としてしまう木があるのは、このためです。葉がなくなったら、光合成はできません。しかし、どちらにせよ冬の間は光合成が効率的におこなえないので、葉をすべて落として、水分がうしなわれるのを防ぐとともに、葉を保つのに使う栄養分を節約したほうが、その植物にとっては得なのだと考えられます。
　このような木を「落葉樹」といいます。反対に、一年中葉をつけている木を「常緑樹」といいます。

草の一生

木の場合、葉を落とすことはあっても、冬でも木のすがたのまますごします。いっぽう草の場合は、1年以内にかれてしまうものも多く、どんなすがたで冬をこすかは、さまざまです。

草の冬ごしのすがたは、1年をどんな風にすごすかによって、いくつかの種類に分けられます。

草のすごし方の種類

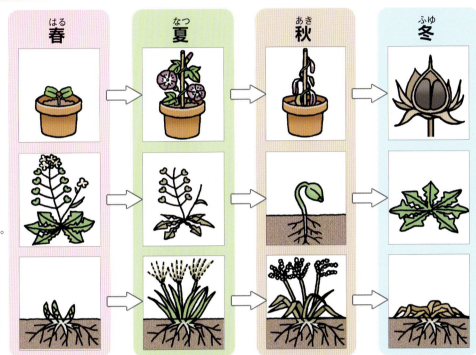

一年草
春に芽を出し夏に花をさかせたあと、種を残してかれ、種で冬をこす。

越年草
秋に芽を出し、芽生えの状態などで冬をこし、春に花をさかせる。そのあと、種を残してかれる。

多年草
地上に出ている部分はかれても、地下のくきや根などが残って冬をこし、次の年に新しい芽を出す。何年も生きられる。

動物たちがそうであるように、植物にも、さまざまな冬のすごし方があります。次のページからは、木、そしてさまざまな草がどんな風に冬をこしているのかを紹介します。

0度以下でも生きられる植物

植物も変温動物（→7ページ）と同じで、自分で自分の温度を上げることはできません。つまり植物もまた、まわりの温度が0度以下になれば、からだの中の水分がこおってしまう危険にさらされていることになります。

ところがじっさいには、植物のからだの中に氷ができることは、めずらしいことではないといいます。それなのに、どうして生きていられるのでしょうか。

もし、植物のからだをつくる細胞の中に氷ができたら、細胞は傷つけられて死んでしまいます。しかし植物の場合、たとえからだの中の水分がこおっても、細胞の中には氷ができず、また、外側でできた氷も細胞の中に入ってこないしくみをもっています。そのため細胞は傷つかず、0度以下の温度でも生きられるのだと考えられています。

また最近では、一部の変温動物に見られる不凍タンパク質（→35ページ）をもつ植物があることもわかってきています。

芽で冬をこす植物

ソメイヨシノなど

春にきれいな花をさかせて、わたしたちの目を楽しませてくれるソメイヨシノは、サクラの代表的な品種のひとつです。冬の間は、どのようにすごしているのでしょうか。

データ
- 高さ：10〜15m
- はえている地域：日本各地

ソメイヨシノの冬芽。うろこのようなものでつつまれている。

「冬芽」をつけて春を待つ

ソメイヨシノは落葉樹（→52ページ）で、冬になる前に葉をすべて落とします。これは、乾燥する冬の間、葉から水分が蒸発するのをさけるためです。

葉のなくなったソメイヨシノの木の枝には、小さな芽がついています。これを「冬芽」といい、中には花や葉のもとがつまっています（花になる芽と葉になる芽がべつべつの場合と、ひとつになっている場合とがあります）。

冬芽は夏にできたあと、ねむっている状態ですが、冬、一定期間低い温度にさらされることで目をさまします。そして、春になって気温が上がり始めると成長を始め、やがて葉をつけたり花をさかせたりします。

秋に葉の色が変わるわけ

植物の葉が緑色なのは、クロロフィル（葉緑素）という緑色のもとがあるためです。このクロロフィルは、植物が光合成（→52ページ）をするのに欠かせないものです。

しかし、冬は太陽が出ている時間が短く効率が悪いため、木は光合成をしません。クロロフィルも必要なくなるので、秋になるとしだいにつくられなくなります。

すると、かわりに赤い色のもとがつくられたり、クロロフィルがあったために目立たなかった黄色のもとが目立つようになったりするので、葉の色が変わるのです。

いろいろな冬芽

　植物は、春に花や葉になる部分である冬芽を、寒さや乾燥、あるいは冬芽を食べようとする鳥や動物から守らなければなりません。そのために、植物はそれぞれいろいろな工夫をしています。たとえば、左ページのソメイヨシノのように、魚のうろこのようなもので何重にもつつむことも、そのひとつです。

　ほかにも、冬芽を守る植物の工夫には木によっていろいろあり、冬芽の外見も、さまざまです。

トチノキの冬芽。乾燥しないよう、ねばねばの粘液で守られている。

コブシの冬芽。動物のからだにはえるような毛で寒さから守られている。

サンショウの冬芽。冬芽のそばにとげがあり、食べられるのを防ぐ。

クサギの冬芽。あたたかい地方にはえる木には、うろこで守られていない冬芽もある。

冬のすごし方いろいろ

冬でも葉を落とさない常緑樹

　秋に葉を落とす落葉樹に対して、マツやクスノキ、カシのなかまのような、冬でも緑色の葉をつけたままの木が「常緑樹」です（→52ページ）。

　常緑樹の場合、古い葉と新しい葉がつねに少しずつ入れかわります。そのため、落葉樹のようにいっせいに葉が落ちることがなく、冬の間も葉がついたままなのです。ただし常緑樹も、冬の間は光合成はほとんどおこなっていません。

落葉樹のクヌギ（写真奥）が葉を落としたあとも、常緑樹のアラカシ（写真手前）には葉がたくさんついたまま。

地下のくきや球根で冬をこす植物
ススキ／ユリなど

植物のなかには、冬の間、地面の下でじっと栄養をたくわえ、春になって芽を出すときを待っているものもあります。

データ
（ススキ）
- 高さ：1〜2m
- はえている地域：日本各地

冬の、かれてしまったススキの地上部分。

地上ではかれても地下では元気

草には、1年しか生きられないものと、2年またはそれ以上生きられるものがあります（→53ページ）。

ススキのように何年も生きられる草の場合、冬になると地上に出ている部分はかれてしまいますが、土の中のくきや根は生きています。そして、その状態で冬をこし、春になると地下のくきから新しい芽をのばすのです。

また、ユリやチューリップのなかまのように、地下の根、くき、葉の一部などに栄養分をたくわえて冬をこす植物もあります。栄養分がたくわえられてふくらんだ部分のことを「球根」といいます。

春になると、新芽が地面の上に顔を出す。

3章 植物の冬ごし

（カサブランカ）
- 高さ：1.1〜1.2m
- はえている地域：日本各地

ユリのなかまのカサブランカの球根。ユリのなかまの球根は、養分をたくわえてあつくなった葉が、くきのまわりに重なり合うことでできている。同じつくりの球根をもつ植物に、チューリップやヒヤシンスがある。

（ダリア）
- 高さ：1〜2m
- はえている地域：日本各地

ダリアの球根は、養分をたくわえた根がふとってできる。これは、わたしたちがふだん食べているサツマイモやダイコンができるのと同じしくみ。

チューリップを球根から育てるわけ

チューリップは、園芸用の植物としても人気がありますが、花をさかせるときは、種ではなく球根を買ってきて植えるのがふつうです。これは、種から育てると、花がさくまでに時間がかかってしまうからです。

秋にチューリップの種を植えると、やがて地中にごく小さな球根ができます。この球根を次の年の夏にほり出し、秋に再び植えます。これを4、5回ほどくりかえすと、ようやく花がさきます。つまり、種を植えてから花がさくまでに5年くらいはかかることになります。球根にじゅうぶん養分がたくわえられるまでは、花がさかないからです。

いっぽう、すでに養分がたっぷりたくわえられた球根の場合、秋に植えれば、冬をこしたあと、春には花をさかせます。

球根の植えかえをくりかえすうちに、しだいに養分がたまり、球根が大きくなっていく。

ロゼットで冬をこす植物

セイヨウタンポポなど

冬の間、地面に「ロゼット」とよばれる特別な葉を出してすごす植物があります。そこには、冬を生きぬくためのさまざまな工夫があります。

■ データ
（セイヨウタンポポ）
● 高さ：10〜45cm
● はえている地域：日本各地

「ロゼット」という名前は、葉がバラの花びらのように重なっていることからきている。

広く平らに葉を広げる

冬、タンポポのなかまは地面の上にごく短いくきを出した状態ですごします。そして、このくきから、何枚もの葉を円形に広げています。このような状態を「ロゼット」とよびます。

ロゼットは、葉を円形に広げることで、太陽の光を効率よく受けとることができます。また、冷たい風や乾燥から根を守ることもできます。

タンポポのなかまは、冬だけでなく、一年中ロゼットの葉しかつけませんが、冬にロゼットをつくる葉と、春になってのびたくきからはえる葉とでは形がちがう植物もあります。

外国産のタンポポと日本のタンポポ

日本で見られるタンポポのなかまには、カントウタンポポなどのもともと日本でうまれた種類と、セイヨウタンポポのような外国からやってきた種類とがあります。

外国うまれのタンポポは、あとから日本にやってきたわけですが、現在では、都会で見られるタンポポのほとんどは、外国うまれのタンポポになっています。

外国うまれか日本うまれかは、花の下の部分で見分けることができますが、ロゼットの外見にはちがいはありません。

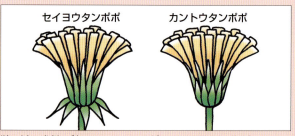

花の下の部分が外にむかってそり返っているのが、外国うまれのタンポポ。

3章 植物の冬ごし

ハハコグサのロゼットの葉（左）。葉をおおう白い綿毛は、寒さや乾燥を防ぐ役割をはたす。七草がゆに入れる春の七草の「おぎょう（ごぎょう）」とは、ハハコグサのこと。七草がゆにはロゼットではなく、上のような、のびたくきからはえる葉が使われる。

データ
（ハハコグサ）
● 高さ：15～40cm
● はえている地域：日本各地

データ
（コマツヨイグサ）
● 高さ：20～60cm
● はえている地域：本州

コマツヨイグサのロゼット（左）。春にくきをのばしはじめ、夏には右のようなすがたになる。

❄ 冬のすごし方いろいろ

芽ばえで冬をこすオオイヌノフグリ

春に小さな紫色の花をつけるオオイヌノフグリは、秋に芽を出します。しかし、冬の間もロゼットにはなりません。小さな苗の状態で冬をこします。

オオイヌノフグリもセイヨウタンポポと同じで、外国から日本にやってきた植物です。

繁殖力はとても強く、雑草としてあつかわれることもあります。

寒い時期には、霜がおりることもある。

種で冬をこす植物
ヒマワリなど

冬にはかれてしまう植物は、秋までに種をつくります。そしてこの種が、かれ草の下や土の中などで冬をすごし、春に新しい芽を出します。

データ
（ヒマワリ）
- 高さ：1.5～2m
- はえている地域：日本各地

かれた花がならぶ冬のヒマワリ畑。

種を残して次の世代へ

ふつう、ヒマワリの花は夏にさいて秋にはかれてしまい、冬をこすことはありません。しかし、花がかれたあとには種ができます。

できた種は、鳥などに食べられてしまうこともあります。しかし、この種が春まで生きのびられれば、今度はこの種が芽を出し、花をさかせることができます。

1年しか生きられない植物は、このように種の形で冬をこし、新しい世代に芽を出させることをくりかえしているのです。

ヒマワリの花は、小さな花が無数に集まってできている。花には、まわりにある花びらをもつ花と、中央に集まった花びらのない花の2種類があり、種をつくるのは中央の花だけ。

中に種が入った、ヒマワリの果実。

種を遠くへ運ぶ工夫

できた種がいろいろなところに散らばれば、その植物は、それだけ自分の生きる場所を広げられる可能性があります。そのため、植物はそれぞれ、種をできるだけ遠くへ運ぶためのいろいろな工夫をしています。

たとえばホウセンカの果実は、熟すとはじけて、中に入っている種が四方八方にはじきとばされるようになっています。

ほかにも、動物のからだにくっつきやすいよう、たくさんのかぎのついた果実をもつ植物などもあります。

ホウセンカの果実がはじけるところ。中の種は1mくらいとぶこともある。

休んでいる種

ふつう植物の種は、水、酸素、温度という3つの条件がそろえば芽を出します。しかし、冬ごしをしている種のなかには、この3つがそろっても芽を出さないものもたくさんあります。種がねむっているからです。

ねむっている種が芽を出すようになるには、ねむっている状態から目をさますためのきっかけが必要です。

このきっかけには、一定期間低温や乾燥にさらされること、光が当たることなど、いくつか種類があり、どんなきっかけで種が目ざめるかは、植物によってちがいます。

2000年の時をこえて花をさかせた大賀ハス

植物の種は、おどろくほど長い時間をこえて次の世代に受けつがれることもあります。

1951年、千葉県内のある遺跡から、3つぶのハスの実（種）が発掘されました。調査の結果、その実は2000年以上前のものと考えられることがわかりました。

しかし、ひとりの植物学者がその3つの種を育てたところ、2つぶは失敗したものの、1つぶは芽を出し、次の年には花をさかせたのです。

このことは、たいへん大きな話題になり、成長したハスは、植物学者の名前をとって「大賀ハス」とよばれるようになりました。

大賀ハスは、実や根の形でいろいろなところに分けられ、現在では日本国内だけでなく、世界中に広がっている。

3章 植物の冬ごし

コラム 「越冬野菜」って何だろう？

寒いと野菜が甘くなる

みなさんは、「越冬野菜」ということばをきいたことがあるでしょうか。冬に出まわる野菜で、秋に収穫したあと、しばらく雪の中などで保存されたあと出荷されるもののことで、キャベツやダイコン、ジャガイモなどが知られています。ふつうの野菜よりも甘みが強いことから人気を集めていますが、じつはこの越冬野菜の味のひみつも、植物が冬の寒さにたえるためのしくみと関係があります。

植物は、細胞の中の水分がこおってしまうと、生きていられません（→53ページ）。そのため、冬の野菜は、寒くなると、細胞がこおらないようにするための準備をします。それが、細胞の中に糖分をたくわえることです。砂糖水がふつうの水よりこおりにくいのと同じで、細胞の中に糖分をたくわえると、こおりにくくなるからです。

つまり、寒いところで保存されている間に、野菜の細胞に糖分がたくわえられた結果、出荷されるときには、ほかの野菜よりずっと甘みが強くなるわけです。

また、雪の中で保存する場合には、雪が適度にとけることで、野菜のみずみずしさを保つ効果もあります。

キャベツを二度収穫

「越冬キャベツ」で有名な北海道の和寒町では、6月にキャベツの種をまき、育った苗を7月に畑に植えつけます。そして、雪がふる直前の11月に根を切って収穫したキャベツを、畑にならべて置いておくと、やがて雪がつもります。そうして雪の中で保存したあと、雪の中にうまったキャベツを、年が明けてからほり出して再び「収穫」し、出荷します。

この「越冬キャベツ」は、この町で今から40年以上前に、ぐうぜんうまれました。

ある農家が、値段が下がりすぎたために出荷するのをやめたキャベツを、畑に置きっぱなしにしておきました。しかし、春になって畑を見てみると、キャベツはみずみずしいままで、食べると甘みが強くなっています。このキャベツを出荷したところ評判がよかったことから、和寒町の「越冬キャベツ」の歴史が始まったといいます。その後、品種や育て方、保存方法などについて研究が重ねられ、現在では町を代表する農産物になっています。

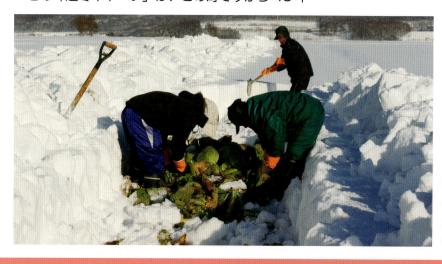

雪の中のキャベツをほり出すようす。ショベルカーなどでおおまかに雪をとりのぞいたあと、最後はキャベツを傷つけないよう、手作業で収穫していく。

さくいん

この本に出てくるおもなことばを、50音順にならべています。数字は、のっているページです。

あ

- アオダイショウ.....................38
- アカハライモリ.....................36
- アゲハチョウ.......................46
- アメリカアカガエル...............33
- アメリカクロクマ..................20
- アメリカザリガニ..................40
- 一年草...............................53
- イラガ...............................47
- ウラギンシジミ....................49
- HP →冬眠特異的タンパク質
- エゾリス.............................17
- 越年草...............................53
- エピフラム..........................40
- エンマコオロギ....................43
- オオイヌノフグリ..................59
- 大賀ハス............................61
- オオカマキリ........................42
- オオミノガ..........................45
- オサガメ.............................39

か

- カイコ...............................43
- 貝類..............................7, 40
- カサブランカ......................57
- カタツムリ..........................40
- カブトムシ..........................44
- 夏眠............................33, 40
- 完全変態............................46
- キクガシラコウモリ...............28
- 球根................................56
- 休眠........................9, 33, 52
- 魚類........................7, 32, 34
- ギンブナ............................35
- ギンヤンマ..........................44
- クサガメ............................38
- クワガタムシ.......................44

- 恒温動物.................7, 8, 12, 14
- 甲殻類...........................7, 40
- 光合成..........................52, 54
- コオリウオ..........................35
- コテングコウモリ..................26
- コマツヨイグサ....................59
- こも巻き............................45
- 昆虫........................7, 32, 42

さ

- シマドジョウ.......................34
- シマリス....................6, 16, 18
- ジャンガリアンハムスター......27
- 集団越冬...........................48
- 常緑樹..........................52, 55
- ススキ...............................56
- スズメバチ..........................48
- セイヨウタンポポ..................58
- せきつい動物...................7, 32
- 巣室.................................18
- ソメイヨシノ.......................54

た

- 多年草...............................53
- ダリア...............................57
- チューリップ.......................56
- 鳥類........................7, 13, 15
- ツキノワグマ..................20, 22
- 冬眠特異的タンパク質............19
- ドジョウ............................34
- トノサマガエル....................36
- トノサマバッタ....................43

な

- ナミアゲハ..........................47
- ナミテントウ.......................48
- 日内休眠...........................27
- ニホンアカガエル..................37

- ニホンザリガニ....................41

は

- は虫類.....................7, 32, 38
- ハハコグサ..........................59
- ヒグマ..........................20, 22
- ヒマワリ.............................60
- ヒメスズメバチ....................49
- プアーウィルヨタカ...............15
- 不完全変態........................46
- 不凍タンパク質..............35, 53
- フユシャク..........................49
- 冬芽.................................54
- 変温動物..................7, 8, 32
- ホウセンカ..........................61
- ホッキョクグマ...............20, 23
- ほ乳類......................7, 12, 14

ま

- マブナ...............................34
- ミスジマイマイ....................40
- 無せきつい動物...............7, 33
- メキシコオヒキコウモリ.........29
- モンシロチョウ....................46

や

- ヤマネ..........................24, 26
- ユリ.................................56

ら

- 落葉樹..........................52, 54
- 卵のう..............................42
- 両生類......................7, 32, 36
- ロゼット............................58

わ

- わたり..........................15, 29
- わたり鳥..........................6, 8

■ **監修者紹介**

近藤宣昭（こんどう・のりあき）

1950年愛媛県生まれ。薬学博士。1973年徳島大学薬学部卒業、1978年東京大学大学院薬学系研究科博士課程修了。三菱化学生命科学研究所、財団法人神奈川科学技術アカデミーなどで、冬眠を制御する生理・分子機構を研究。おもな著書に、『冬眠の謎を解く』(岩波書店、第27回講談社科学出版賞受賞)、『冬眠する哺乳類』(共編著、東京大学出版会) など。

■ **写真提供**

アマナイメージズ／一般財団法人岩国白蛇保存会／宇野誠一郎／大岩千穂子／大小迫つむぎの家　千田永久世／大沢夕志／神奈川県立七沢森林公園／川西町／ぐうぐう／串本海中公園センター／公益財団法人東京動物園協会／近藤宣昭／下山孝／仙台うみの杜水族館／東條朝一／野津貴章／のぼりべつクマ牧場／ピッキオ（長野県軽井沢町）／福光村・昆虫記／湊秋作／和寒町産業振興課／andrew／benton／concoro／depositphotos／eyeblink／feathercollector／fotolia／fox☆fox／Gyoda Tetsuo／Hany Ciabou／Hideo Inose／Hideo Inose／Ichizo Nakanishi／Imamori Mitsuhiko／izanbar／Katsuhiro Yamanashi／Kitazoe Nobuo／Kusano Shinji／Kusano Shinji／MANABU／Masuda Modoki／Matsuka Kenjiro／Minden Pictures／Nature Production／Nishimura Yutaka／PIXTA／SEBUN PHOTO／smile／Suzi Eszterhas／Takeda Shinichi／Takeda Shinichi／Tsuda Kennosuke／Uchiyama Ryu

■ **おもな参考文献**

『冬眠の謎を解く』近藤宣昭(岩波書店)
『身近で観察するコウモリの世界』大沢夕志・大沢啓子(誠文堂新光社)
『冬眠する哺乳類』川道武男・近藤宣昭・森田哲夫編(東京大学出版会)
『動物大百科』D. W. マクドナルド編・今泉吉典監修(平凡社)
『科学のアルバム　ヤマネのくらし』西村豊(あかね書房)
『ヤマネって知ってる？──ヤマネおもしろ観察記』湊秋作(築地書館)
「Newton」2015年4月号(ニュートンプレス)

- ●編集制作　　　株式会社 童夢
- ●執筆協力　　　横山雅司
- ●イラスト　　　赤澤英子／坂川由美香（AD・CHIAKI）
- ●装丁・本文デザイン　芝山雅彦（SPICE）

冬眠のひみつ
からだの中で何が起こっているの？

2017年 9 月26日　第 1 版第 1 刷発行
2023年 3 月 8 日　第 1 版第 7 刷発行

監修者	近藤宣昭
発行者	永田貴之
発行所	株式会社PHP研究所

　　　　東京本部　〒135-8137　江東区豊洲5-6-52
　　　　　　　　　児童書出版部　☎03-3520-9635（編集）
　　　　　　　　　　　　普及部　☎03-3520-9630（販売）
　　　　京都本部　〒601-8411　京都市南区西九条北ノ内町11
　　　　PHP INTERFACE　https://www.php.co.jp/

印刷所
製本所　　図書印刷株式会社

©PHP Institute,Inc. 2017 Printed in Japan　　　　　　　　ISBN978-4-569-78660-5
※本書の無断複製(コピー・スキャン・デジタル化等)は著作権法で認められた場合を除き、禁じられています。また、本書を代行業者等に依頼してスキャンやデジタル化することは、いかなる場合でも認められておりません。
※落丁・乱丁本の場合は弊社制作管理部(☎03-3520-9626)へご連絡下さい。送料弊社負担にてお取り替えいたします。
63P　29cm　NDC481